Unser Bauherren-Handbuch
Praxismappe Bauplanung

Unser Bauherren-Handbuch

Praxismappe

Bauplanung

Bedarfsanalyse, Entwurfs- und Ausführungsplanung, Haustechnik

Stiftung Warentest

Rüdiger Krisch

INHALT

Sie können die Formulare auch kostenlos online abrufen. Den Link und einen QR-Code finden Sie auf S. 115.

VOM TRAUM ZUM HAUS

Sie wollen ein Haus bauen. Das ist eine schwerwiegende Entscheidung, denn das eigene Haus ist für die meisten Familien die größte Investition, die sie im ganzen Leben tätigen. Gleichzeitig setzt das Haus den Rahmen für den privaten Raum des Familienlebens und wird Ihren Alltag auf Jahrzehnte prägen. Umso wichtiger ist es, den Hausbau gründlich vorzubereiten und insbesondere dem quantitativen und qualitativen Bedarf Ihrer Familie in der Planung ausreichend Raum zu geben. Es hat sich bewährt, dazu einige aufeinander aufbauende Arbeitsphasen zu durchlaufen: zunächst in der Familie und noch nicht zwingend mit externer Beteiligung, später dann mit Beratung durch ausgebildete Fachleute. Dieses Buch zeigt Schritt für Schritt, wie Sie vorgehen, um von ersten Gedanken zu einer konsistenten Planung zu kommen.

Clever planen von Anfang an

Wer bauen will, überlegt sich in der Regel zunächst, in welchem Ort und in welchem Gebiet das neue Haus stehen soll. Ist ein entsprechendes Grundstück gefunden, geht es an die eigentliche Planung. Die wichtigste Frage dabei lautet: Wie soll das Haus geschnitten und aufgeteilt sein, wie soll es aussehen? Um dies beantworten zu können, müssen Sie zunächst einmal ermitteln, was Sie wirklich brauchen, und konsistent formulieren, was Sie sich wünschen. In einem zweiten Schritt müssen Sie prüfen, ob diese Anforderungen und Wünsche mit der finanziellen Realität – das heißt, dem Ihnen zur Verfügung stehenden Budget – zusammenpassen. Und wenn Sie diese Frage positiv beantwortet haben, können Sie sich den passenden Planungspartner oder Hausanbieter suchen und mit ihm in die konkrete Planung einsteigen. Bei allen diesen Schritten unterstützt Sie dieses Buch mit Informationen, Ratschlägen und nützlichen Arbeitshilfen.

Ein wichtiger Ratschlag gleich zu Beginn: Lassen Sie sich und Ihren Beratern ausreichend Zeit für die wichtige Planungsphase und vermeiden Sie es, Entscheidungen unter Zeitdruck zu treffen – der doch meistens selbst gemacht ist. Die Festlegungen, die Sie während der Planung Ihres Hauses treffen, werden Ihr Leben für eine lange Zeit prägen. Viele Fragenwerden Sie zunächst ausführlich in der Familie diskutieren und sich die Folgen Ihrer jeweiligen Entscheidungen klarmachen müssen, bevor Sie einen Entschluss treffen. Dies wird Ihnen umso leichter fallen, je klarer Sie zu Beginn Ihre Kriterien formuliert haben.

Unterschätzen Sie Ihr Projekt nicht! Die Planung auch eines Einfamilienhauses ist ein komplexer Vorgang, bei dem vieles mit vielem zusammenhängt. Manche Auswahl fußt auf zuvor getroffenen Entscheidungen, und manche am Anfang gesetzte Vorgabe bestimmt den ganzen Entwurfsprozess. In diesem Buch erläutern wir diese Wechselwirkungen und zeigen Wege auf, um mit klaren Vorgaben zu zielorientierten Entscheidungen zu kommen.

Dieses Buch begleitet Sie auf Ihrem Weg von den ersten Gedanken bis zur ausführungsreifen Planung. Wir erklären die wichtigsten Gesichtspunkte, die auf die Planung einwirken, und helfen Ihnen, mögliche Zielkonflikte zu erkennen. Hier finden Sie die wichtigsten Informationen zum Ablauf und den Erfordernissen der Planung, um sich auf Ihre Rolle als Auftraggeber vorbereiten zu können: von der Ermittlung des quantitativen Bedarfs und der qualitativen Anforderungen über den Vorentwurf und Entwurf des Hauses (in Form von Grundrissen, Schnitten und Ansichten) bis hin zur Materialwahl im Rahmen einer Ausführungsplanung. Dazu kommen konkrete Hilfestellungen zu ganz praktischen Fragen, die Ihnen im Lauf des Planungsprozesses begegnen werden, wie etwa zum Umgang mit Planungsbesprechungen, zur Kostenberechnung oder zur Terminplanung.

Auch wenn wir versuchen, Sie mit diesem Buch umfassend zu informieren, empfehlen wir Ihnen dezidiert nicht, die räumliche Planung ohne fachliche Beratung selbst zu erstellen. Vielmehr soll das Buch Sie in die Lage versetzen, mit Ihren Beratern kompetent kommunizieren und deren Aufgaben und Arbeitsweisen besser verstehen zu können. So können Sie Ihre Rolle als Auftraggeber souverän spielen und die darin enthaltenen Chancen nutzen. Nur ein informierter Bauherr hat wirklich die Chance, seine Anforderungen und auch seine Träume so zu entwickeln und zu artikulieren, dass sie später auf der Baustelle in ein maßgeschneidertes, funktional geplantes und auch im Erscheinungsbild attraktives Haus umgesetzt werden können.

Wie dieses Buch funktioniert

Die meisten Bauherrinnen und Bauherren bauen nur einmal im Leben. Das heißt, dass kaum jemand weiß, was ihn oder sie erwartet. Um den Planungsprozess besser greifbar und verständlich zu machen, besteht dieses Buch aus zwei Teilen, die parallel und so weit wie möglich in der Reihenfolge des Planungsfortschritts geordnet sind: Der erste Teil beschreibt den zeitlichen Ablauf und fachlichen Inhalt der Planung, der zweite Teil ab Seite 114 versammelt Checklisten und Protokolle, die Sie bei Ihren Aufgaben in diesem Prozess unterstützen. Diese sind entlang der Planungsphasen, die in den Kapiteln des ersten Teils behandelt werden, in der Reihenfolge ihrer Arbeitsschritte im Planungsprozess geordnet. Einige der Checklisten können Sie ganz unabhängig von fachlicher Beratung bearbeiten, bei anderen ist es sinnvoll, die Inhalte mit Ihrem fachlichen Berater (also dem Planer, der Architektin oder Ihrem Ansprechpartner beim Hausanbieter) durchzusprechen, vielleicht sogar gemeinsam auszufüllen. Sie sollen Ihnen konkret und praxisnah dabei helfen, Ihre Anforderungen und Wünsche zu formulieren, dann im Dialog mit Ihren Planern zunächst in einen Entwurf, später in eine umsetzbare Planung für das Haus zu übersetzen. Diese Seiten sind einseitig bedruckt: Sie können Sie daher einzeln aus der Arbeitsmappe heraustrennen, ausfüllen und bearbeiten.

Die Planungsphasen bauen inhaltlich und methodisch aufeinander auf, es ist daher sinnvoll, dieses Buch in der angebotenen Reihenfolge zu bearbeiten. Allerdings kommt es bei der Beschäftigung nicht auf Vollständigkeit an: Sie können durchaus Prioritäten setzen und einzelne Listen überspringen (und bei Bedarf später zu ihnen zurückkehren), wenn deren Inhalte Ihnen für Ihr Projekt nicht (oder noch nicht) relevant erscheinen.

Die beiden Teile des Buchs sind eng miteinander verzahnt: Im ersten Teil finden Sie jeweils Verweise auf die entsprechenden Formulare und Checklisten im zweiten Teil, dort wird wiederum auf Grundlageninformationen aus dem ersten Teil Bezug genommen. Dennoch ist es unsere Absicht, dass beide Teile auch voneinander unabhängig funktionieren. Die Formulare und Listen lassen sich auch direkt benutzen, ohne dass Sie vorher alle dazugehörigen Erklärungen aus dem ersten Teil gelesen haben.

Nutzen Sie die Informationen und Arbeitshilfen in dieser Bauherren-Praxismappe, um Ihren Traum vom eigenen Haus zu konkretisieren und in eine klare Aufgabenstellung zu übersetzen, diese Aufgabe sodann auf ihre Machbarkeit zu prüfen und schließlich vor allem in Pläne zu übersetzen, nach denen Ihr Haus dann gebaute Realität werden kann.

BEDARFSERMITTLUNG

Auf dem Weg zum Traumhaus steht vor den ersten Schritten die Frage: Wohin soll es gehen? Was erwarten wir uns von unserem neuen Haus, was wollen wir und was brauchen wir? In diesem Kapitel lernen Sie, Ihr Raumprogramm und Ihren Platzbedarf genauer zu definieren, aber auch Ihre Ideen in Worten oder Bildern auszudrücken. Dazu gilt es, zunächst einen genauen Blick auf die jetzige Wohnsituation zu werfen und sich zu fragen, was daran verändert werden soll und muss. Daraus entstehen ganz persönliche Szenarien für die Nutzung des neuen Hauses. Mit diesen Schritten erarbeiten Sie die Grundlagen für den folgenden Planungsprozess, formulieren aber auch Ihre Wünsche und Träume, die sich in Zahlen nicht ausdrücken lassen.

DIE GRUNDSTÜCKSSUCHE

Wer bauen will, braucht ein Grundstück. Doch natürlich ist nicht jedes verfügbare Grundstück gleichermaßen geeignet: Eine gewisse Vorstellung davon, wie groß Ihr neues Haus einmal werden und welche Anforderungen es erfüllen soll, brauchen Sie bereits, um die Kriterien für die Grundstückssuche definieren zu können – und um die Grundstücke, die Sie finden oder die Ihnen angeboten werden, adäquat beurteilen zu können. Beschäftigen Sie sich daher durchaus parallel mit der Grundstückssuche, der Bedarfsermittlung und der Formulierung Ihrer Vorstellungen.

In Gegenden mit hohem Siedlungsdruck wie Großstädten, wirtschaftlich erfolgreichen Regionen und Landstrichen mit besonders hohem Freizeitwert gleicht die Suche nach einem Grundstück meist der sprichwörtlichen Suche nach der Stecknadel im Heuhaufen. Dort werden Sie nur mit viel Glück ein Angebot bekommen, das die im Folgenden formulierten Kriterien uneingeschränkt erfüllt, und folglich einige Kompromisse eingehen müssen. Wenn Sie sich hingegen in weniger nachgefragten ländlichen Räumen auf die Suche machen, werden Ihnen die folgenden Fragen bei der Suche behilflich sein.

Info Grundstücke von der Gemeinde

Neben den üblichen „Marktplätzen" wie Internetplattformen, Tageszeitungen und Anzeigenblättern sowie der gezielten Ansprache von Maklern hat es sich bewährt, in den Suchräumen direkt bei den zuständigen Kommunalverwaltungen nach Bauplätzen anzufragen. Nicht selten haben Städte und Gemeinden auch eigene Grundstücke im Angebot, die sie direkt oder im Rahmen von Bewerbungsverfahren an Interessierte verkaufen.

Wo wollen Sie leben?

Diese Frage müssen Sie vor dem Hintergrund Ihrer familiären und vor allem beruflichen Situation beantworten, denn der künftige Wohnort hat einen erheblichen Einfluss auf die Gestaltung Ihres Alltags. Manche Familie verliebt sich spontan in ein idyllisches Grundstück auf dem Land, baut dort ein Haus, zieht voller Vorfreude dorthin um und ist später zutiefst unglücklich über die weiten Wege zur Arbeit, zum Einkauf und zu Freizeitangeboten aller Art.

Weite Wege bedeuten immer, dass Sie viel Zeit mit Pendeln zur Arbeit und mit Fahrten für die alltäglichen Verrichtungen, die Sie nicht direkt vor Ort erledigen können, verbringen müssen. Hinzu kommen erhebliche Kosten für die Mobilität, deren Entwicklung in den letzten Jahren nur eine Richtung kannte: nach oben. Bedenken Sie außerdem die finanziell sehr bedeutsame Tatsache, dass ein Haus sich umso leichter und zu einem umso höheren Preis weiterverkaufen lässt, je besser es verkehrstechnisch erschlossen ist.

Dieser Aspekt betrifft nicht nur die arbeitenden Familienmitglieder, sondern auch die Kinder, die nicht nur täglich zur Schule kommen müssen, sondern auch Möglichkeiten zur Freizeitgestaltung, etwa Sport, Musikunterricht, Treffen mit Freunden …, eventuell schwer – oder nur mithilfe der Eltern – erreichen können. Auch wenn ein Kindergarten nicht weit entfernt ist und ein Garten oder die Natur in der Umgebung Möglichkeiten zum Spielen bieten: Denken Sie bei der Abwägung auch an die Zukunft. Die Bedürfnisse Ihrer Kinder werden sich verändern. Größere Kinder und Jugendliche legen Wert auf Unabhängigkeit und wollen ihr Leben zunehmend selbst gestalten.

Die folgenden Fragen können Ihnen helfen, infrage kommende Grundstücke im Hinblick auf ihre Lage und Anbindung zu beurteilen:

- Wie steht es um die Verkehrsanbindung des potenziellen Wohnorts, sowohl ans Straßennetz als auch an den öffentlichen Verkehr?
- Verfügt der Ort über die Einkaufsmöglichkeiten, Dienstleister und Freizeitangebote, die Sie schon jetzt gerne und häufig nutzen und auf deren Nähe Sie weiterhin Wert legen?
- Gibt es am Ort oder in seiner nahen Umgebung ein gutes Angebot für die Betreuung kleiner Kinder?
- Sind Schulen vorhanden, die für Ihre Kinder geeignet sind? Denken Sie bei dieser Frage nicht nur an die Grundschule, sondern auch an weiterführende Schulen.
- Ist Ihre zukünftige Wohngegend gut versorgt mit schnellem Internet? Dies spielt schon in der Freizeit eine immer größere Rolle und kann umso wichtiger werden, wenn Sie (und sei es auch nur manchmal) von zu Hause aus arbeiten wollen.

Was muss Ihr künftiges Wohnumfeld bieten?

Wenn Sie auf der Grundlage der oben genannten Kriterien potenzielle Wohnorte oder Quartiere in die engere Wahl genommen haben, lohnt sich ein Blick auf die nähere Umgebung der Quartiere, in denen Bauplätze verfügbar sind. Bedenken Sie dabei insbesondere die folgenden Punkte:

- Wenn Ihre Kinder noch klein sind, spielen neben der Verfügbarkeit von Kindergarten und Grundschule am Wohnort insbesondere auch deren Erreichbarkeit auf kurzen, sicher begehbaren Wegen von Ihrem Grundstück aus eine wichtige Rolle.
- Spielplätze, Sportanlagen und -vereine, ein Park oder die freie Landschaft für erholsame Spaziergänge sollten ebenfalls in der Nähe zugänglich sein.
- Wichtig ist darüber hinaus die Entfernung zu Einkaufsmöglichkeiten, insbesondere für Dinge des täglichen Bedarfs. Wenn Sie einen gut sortierten Lebensmittelladen in erreichbarer Nähe haben, sparen Sie im Alltag viel Zeit, Kosten und Umweltbelastung.

Schließlich stellt sich für die engere Auswahl des Standortes für Ihr Haus die Frage: Welche Eigenschaften braucht Ihr künftiges Grundstück, und für welches Haus muss es sich eignen? Wie bereits erwähnt, ist die Beantwortung dieser Frage in hohem Maß von den individuellen Anforderungen abhängig, die Sie und Ihre Familie an Ihr zukünftiges Heim stellen, also von Ihrer persönlichen Bedarfsermittlung.

Was für ein Haus wollen Sie bauen?

Damit Sie wirklich entscheiden können, ob ein bestimmtes Grundstück Ihren Anforderungen genügt – oder ob und wie Sie Ihre Anforderungen anpassen müssen, weil nur dieses bestimmte Grundstück verfügbar ist oder infrage kommt –, sollten Sie deshalb zunächst die folgenden Abschnitte lesen und sich zu den dort formulierten Themen Gedanken machen. Wenn Sie die dazugehörigen Formulare im Anhang sorgfältig bearbeiten, erarbeiten Sie sich damit nicht nur die Bedarfsermittlung für Ihre Hausplanung, sondern zugleich die qualitativen Kriterien für Ihre Grundstückssuche. Weiter verfeinern können Sie diese Kriterien im Kapitel „Entwurfsplanung" ab Seite 46.

→ S. 119

Nutzen Sie die Checkliste zur Grundstückssuche auf Seite 119 dieses Buches, um für jedes zur Auswahl stehende Grundstück die relevanten Kriterien übersichtlich zusammenzufassen. Indem Sie die Kriterien priorisieren, können Sie festlegen, welche davon für Sie besonders wichtig sind und wo Sie Kompromisse eingehen können.

BEDARFSERMITTLUNG: WAS BRAUCHEN WIR?

Um erfolgreich planen zu können, müssen Sie sich zunächst genau darüber klar werden, was Sie brauchen und was Sie wollen. Wichtig: Wir unterscheiden hier bewusst, denn Ihr Bedarf und Ihre Wünsche sind zwei unterschiedliche Themen.

Beginnen Sie die Planung Ihres zukünftigen Hauses am besten mit einer gründlichen Betrachtung Ihrer derzeitigen Wohnsituation. Im Vergleich dazu wird es Ihnen am Leichtesten fallen, die notwendigen Veränderungen und Verbesserungen zu erkennen und zu formulieren.

Bestandsaufnahme der Wohnsituation

Beginnen Sie mit einer sachlichen Auflistung der Räume, in denen Sie derzeit wohnen. Wie werden sie genutzt? In welche Himmelsrichtung sind sie orientiert? Vor allem aber: Wie groß sind sie? Notieren Sie nicht nur die Anzahl der Quadratmeter, sondern auch die Länge, Breite und Höhe der Räume. Diese Informationen können Ihnen bei den nächsten Schritten – vor allem der genauen Formulierung Ihrer Wünsche – noch nützlich sein.

→ S. 125

Tragen Sie die ermittelten Informationen in das Protokoll „So wohnen wir: Bestandsanalyse“ein, das Sie auf Seite 125 im zweiten Teil dieser Praxismappe finden.

Fahren Sie fort mit den Stärken Ihrer jetzigen Wohnung. Was gefällt Ihnen besonders? Was wollen Sie auch künftig so haben? Vielleicht sind Sie ja mit der Lage und dem Schnitt der Zimmer durchaus zufrieden, brauchen nur mehr Platz? Oder legt die Organisation der Räume eine ganz andere Nutzung nahe als die, in der Sie sich Ihr künftiges Leben vorstellen? Listen Sie möglichst alle Eigenschaften der aktuellen Wohnsituation auf, die Sie positiv bewerten. Auch dafür können Sie das Formular „So wohnen wir: Bestandsanalyse“ auf Seite 125 nutzen.

Anschließend beschäftigen Sie sich mit den Schwächen und Mängeln Ihrer jetzigen Wohnung. Die zentrale Frage dazu lautet: Was soll sich künftig an Ihrer Wohnsituation ändern? Überlegen Sie genau, was Sie in der Vergangenheit gestört hat. Versuchen Sie sich dazu unterschiedliche Situationen vor Augen zu führen und überlegen Sie genau, in welcher Hinsicht Ihre momentane Wohnung Ihren Wohnbedürfnissen nicht gerecht wurde. Vielleicht sind diese Schwächen ja der Grund, warum Sie ein Haus bauen wollen? Dann müsste es recht einfach sein, sie zu formulieren und in das Formular auf Seite 125 einzutragen.

Denken Sie beim Auflisten der Plus- und Minuspunkte Ihrer Wohnung nicht nur an die Größe und den Zuschnitt der Räume, sondern auch an die folgenden Eigenschaften:

- Wie sind die Räume zu den Himmelsrichtungen ausgerichtet? Wichtig ist hier vor allem der Sonnenlauf.
- In welchem Verhältnis stehen die Räume zum jeweiligen Außenraum? Das betrifft die Anordnung und Größe der Fenster sowie die Art und Funktionalität des Sonnenschutzes und der Abdunklung.
- Wie sind die Bäder und die Küche ausgestattet? Hier geht es um Anzahl und Eigenschaften der Sanitärgegenstände sowie der Küchenmöbel und -geräte.
- Welche Materialien, Oberflächen und Farben finden sich in Ihrer Wohnung? Gefallen Ihnen diese, oder wünschen Sie sich andere?

Veränderungswünsche

Wenn Sie sich darüber klar geworden sind, welche Vorteile und welche Nachteile Ihre derzeitige Wohnsituation hat, können Sie den nächsten Schritt auf dem Weg zu Ihrer Hausplanung gehen: aus der Analyse der bestehenden Situation mit ihren Qualitäten und Defiziten den Bedarf für das neue Haus zu ermitteln. Beginnen Sie mit den objektiven Kriterien, die sich zunächst relativ einfach formulieren lassen. Später müssen sie jedoch anhand der „harten Fakten", wie zum Beispiel dem verfügbaren Budget, auf ihre Machbarkeit hin geprüft werden.

Erstellen Sie auf der Grundlage Ihrer Bestandsanalyse eine Liste der konkreten Defizite, die Sie durch den Bau des neuen Hauses beseitigen wollen.

- Wünschen Sie sich für bestimmte, bereits jetzt vorhandene Räume im neuen Haus mehr Fläche, als Ihnen derzeit zur Verfügung steht? Wenn ja: wie viel mehr?
- Brauchen Sie zusätzliche Wohnräume für die Familie oder einzelne Personen? Wenn ja: Wie wollen Sie diese nutzen, und wer soll sie vorwiegend nutzen?
- Haben Sie Ideen für erweiterte Nutzungsoptionen? In den folgenden Kapiteln sind einige Gedanken hierzu ausführlich beschrieben, zum Beispiel Anforderungen an Barrierefreiheit für altersgerechtes Wohnen, Flexibilität der Grundrisse für Nutzungsänderungen ohne vorherigen Umbau, Aufteilbarkeit in mehrere Einheiten, gegebenenfalls mit gemeinschaftlich nutzbaren Bereichen …
- Schließlich: Haben Sie zusätzlichen Bedarf für Nebenräume, die Sie in Ihrer jetzigen Wohnung vermissen? Für welche Nutzungen sollen sich diese Räume eignen?

→ S. 127 Wenn Sie Ihre Antworten auf diese Fragen in das Formular „So wollen wir wohnen: Wünsche für das neue Haus" auf Seite 127 eintragen, ergibt sich daraus ganz einfach eine erste überschlägige Flächenberechnung für das neue Haus.

Familienplanung

Wenn Sie über Ihr zukünftiges Haus nachdenken, sollten Sie sich auch einige sehr persönliche Fragen stellen, die nicht nur individuelle Vorlieben beleuchten, sondern darüber hinaus auch sehr grundsätzliche Vorstellungen vom künftigen Leben formulieren. Scheuen Sie sich nicht, die folgenden Fragen offen in der Partnerschaft und – sofern schon Kinder da sind – in der Familie zu diskutieren, denn sie betreffen alle Mitglieder des Haushalts.

- Sollen im neuen Haus Kinder wohnen? Wenn ja: wie viele? Vielleicht haben Sie bereits ein Kind oder mehrere Kinder – dann sollten Sie darüber nachdenken, ob weitere Kinder erwünscht oder geplant sind, da sich dies sehr direkt auf das Raumprogramm auswirkt.
- Haben Sie oft Gäste? Wenn ja: Übernachten diese häufig bei Ihnen, vielleicht auch für längere Zeitabschnitte? Oder war dies bisher aufgrund von Mangel an Platz oder Zimmern nicht möglich, Sie wollen es aber künftig möglich machen?
- Wäre es möglich, dass Sie später Ihren Eltern oder anderen Verwandten anbieten wollen, dass sie bei Ihnen wohnen? Wenn ja: Könnte dies bereits zu einem Zeitpunkt passieren, wenn Ihre Kinder noch im Haus sind, oder genügt es, diese Option erst nach dem Auszug der Kinder zu eröffnen? In beiden Fällen müssen Sie sich überlegen, wie viel Platz und wie viel Unabhängigkeit die Wohnung für die ältere Generation bieten soll.

Diese Fragen gehen sehr tief in die Lebensplanung hinein und sind daher auch recht intim. Da Ihr künftiges Haus aber mindestens für die nächsten zwanzig bis dreißig Jahre den Rahmen für Ihr Leben bilden wird, sollten Sie sich diesen Themen jetzt aussetzen und zumindest versuchen, Ihre Vorstellungen zu diesen Fragen zu formulieren – auch wenn sich manches davon zukünftig als nicht umsetzbar erweisen sollte.

BEDARFSERMITTLUNG: WAS WOLLEN WIR?

Bis hierher haben Sie sich mit Ihrem Bedarf beschäftigt. Nun soll es um Ihre Wünsche gehen. Klingt einfach? Täuschen Sie sich nicht!

Versuchen Sie doch einmal, sich selbst beim „Wohnen" zu beobachten. Betrachten Sie Ihren Alltag und überlegen Sie, wie Sie ihn in Ihrer Wohnung verbringen. Was soll sich daran im neuen Haus ändern? Dabei geht es explizit um Ihr ganz persönliches Empfinden und um den atmosphärischen Bereich! Viele tägliche Verrichtungen haben sich so sehr eingespielt, dass wir uns nur noch mit Mühe und gezieltem Nachdenken klarmachen können, dass sie auch ganz anders gehen würden. Dennoch lohnt sich dieser Aufwand, da Sie mit dem neuen Haus die heimische Umgebung und den räumlichen Rahmen Ihres Alltags auf Jahrzehnte hin vorgeben.

Wie wohnen Sie?

Überlegen Sie zum Beispiel, wie bei Ihnen für gewöhnlich gekocht wird – und wie Sie sich das in Zukunft wünschen. Denn diese Vorstellungen werden sich sehr direkt auf die Gestaltung der Küche und des Essbereichs auswirken.

- Gibt es bei Ihnen eine klare Grenze zwischen Kochen und Essen? Wenn ja, sollte die Küche vom Esszimmer durch eine Tür getrennt sein und maximal einen kleinen Tisch für den kurzen Snack im kleinen Kreis enthalten.
- Wenn die Küche und der Essbereich nur durch eine Wand getrennt sind, kann eine Durchreicheöffnung in dieser Wand unnötige Wege ersparen und so den Alltag erleichtern.
- Dürfen Gäste, die zum Essen eingeladen sind, am Kochen teilhaben oder zumindest in die Küche (einschließlich der Folgeerscheinungen der Essenszubereitung ...) hineinschauen? Wenn Sie diese Frage mit Ja beantworten, bevorzugen Sie wahrscheinlich einen offenen Wohn-Essbereich, wo beide Nutzungen im selben Raum untergebracht sind.
- Interessant ist in diesem Zusammenhang auch die Frage, ob Sie gemeinsam oder einzeln oder in kleinen Gruppen frühstücken, ob Sie dabei üblicherweise in Eile sind oder sich dafür Zeit lassen und welchen räumlichen Rahmen Sie dafür bevorzugen.

Wichtig: Lassen Sie sich beim Nachdenken über Ihre Wohnwünsche möglichst nicht von Gewohnheiten oder Konventionen leiten – und schon gar nicht davon, was Ihre Eltern oder Freunde für schick halten. Vielleicht haben Sie ja in Ihrer jetzigen Wohnung einen offenen Wohn-Essbereich, haben sich aber am freien Blick auf das „Küchenchaos" insgeheim immer gestört?

Ähnliche Überlegungen können Sie für die Bereiche des Hauses, in denen Sie schlafen und arbeiten wollen, sowie für den Lebensraum Ihrer Kinder anstellen.

- Soll der Schlafbereich weit weg (und akustisch abgeschieden) vom Wohnbereich sein, oder wollen Sie im Schlafzimmer zumindest andeutungsweise mitbekommen, was die Familie so macht? Dies hat Auswirkungen auf die Lage Ihres Schlafraums.
- Stellen Sie sich den Ort, an dem Sie zu Hause arbeiten, eher als Teil des Familienbereichs vor, oder soll auch er möglichst abgeschieden gelegen sein? Soll er vielleicht sogar einen eigenen Zugang haben, falls Sie bei der Arbeit Personen empfangen, die Sie nicht am Familienleben teilhaben lassen wollen?
- Wie nah oder weit entfernt vom Familienbereich wollen Sie den Lebensraum Ihrer Kinder

anordnen? Solange die Kinder klein sind, ist eine räumliche Nähe meist wünschenswert, weil sie die Aufsicht erleichtert. Ältere Kinder sind hingegen gerne weit weg von den Eltern, weil sie Kontrolle als störend empfinden – und auch die Eltern schätzen den Abstand, weil halbwüchsige Kinder auch gerne mal laut Musik machen oder hören …

Ist unter Ihrem Haus ein Keller vorgesehen , lohnt sich auch das Nachdenken darüber, wofür und wie dieser genutzt werden soll:

- Sind im Keller überwiegend Flächen für Lager und Technik vorgesehen oder wollen einzelne Familienmitglieder dort auch Zeit verbringen?
- Ist es möglich, das Untergeschoss über Fenster zur Hangseite oder Lichtschächte mit natürlichem Licht zu versorgen?
- Wünschen Sie sich dort Raum für eine Werkstatt, für Hauswirtschaft (eine Waschküche) oder für sonstige Freizeitnutzung (Hobbyraum, Partykeller, Musikzimmer)?

Diese Fragen müssen Sie rechtzeitig bedenken, sodass Ihre Wünsche auch bei der Planung der Installationen für Heizung, Sanitär und Elektrik angemessen berücksichtigt werden können.

Ihre Überlegungen sollten nicht am Hauseingang oder der Terrassentür enden, sondern auch den Außenraum vor, neben und hinter dem Haus einbeziehen. Dabei könnten sich – je nach den spezifischen Gegebenheiten des Grundstücks – etwa folgende Fragen stellen:

- Haben Sie spezielle Nutzungswünsche an den Vorbereich zwischen Straße und Hauseingang?
- Wollen Sie dort Ihr Auto und Ihre Fahrräder parken und brauchen Platz für Mülltonnen und Recyclingbehälter?
- Wenn ja: Soll dort auch die Möglichkeit bestehen, die Fahrzeuge zu pflegen und zu reparieren?
- Oder könnte der Vorgarten auch ein Aufenthaltsbereich sein, in dem Sie mit Ihren Nachbarn auf einer Bank sitzen oder mit den Kindern Ballspiele machen können?
- Wie wollen Sie Ihren Garten neben und hinter dem Haus vorrangig nutzen?
- Freuen Sie sich vor allem auf einen Spiel- und Erholungsraum im Grünen – und wenn ja: Wollen Sie diesen mit Gästen teilen oder lieber im kleinen Kreis der Familie genießen?
- Was wäre dafür jeweils erforderlich?
- Oder wollen Sie im Garten auch den Anbau gesunder Lebensmittel betreiben?
- Haben Sie ein Hobby, mit dem Sie sich bei passendem Wetter auch im Garten beschäftigen wollen?

Diese subjektiven Themen sind für die meisten Bauherren und Bauherrinnen erheblich schwerer zu greifen und zu benennen als die oben bearbeiteten objektiven Kriterien. Dennoch sollten Sie es versuchen, denn aus Ihren Wünschen und Vorstellungen dazu können sensible Planerinnen und Planer wichtige Inspirationen ziehen, durch die sie das neue Haus wirklich zu Ihrem Haus machen können. Nähere Überlegungen zu vielen der angesprochenen Punkte finden Sie im Kapitel „Entwurfsplanung" ab Seite 47.

Denken Sie nicht nur an den Alltag!

Schon in dieser frühen Phase sollten Sie sich nicht nur gründlich überlegen, wie Sie sich künftig Ihren Alltag vorstellen, sondern auch, ob und wie Sie Ihr neues Haus über das gewohnte tägliche Leben hinaus nutzen wollen.

→ S. 129

Wenn Sie dazu schon konkrete Vorstellungen haben, sollten Sie diese möglichst klar formulieren und in das Formular „So nutzen wir unsere Räume: das ‚Drehbuch' für die Hausplanung" auf Seite 129 eintragen – das hilft sowohl bei der Schärfung der eigenen Gedanken als auch bei den Gesprächen mit den Planern des künftigen Hauses. Als Anregungen haben wir im Folgenden einige Aspekte aufgelistet.

Jede Familie hat einen ganz eigenen Umgang mit Festen und Gästen. Bleiben Sie lieber im kleinen Kreis unter sich, oder führen Sie ein offenes Haus, in dem Verwandte und Freunde ein- und ausgehen? Oder würden Sie gerne viel gastfreundlicher leben, können das nur im Moment nicht tun aufgrund der Größe und Beschaffenheit Ihrer aktuellen Wohnung? Sowohl das Feiern von Festen als auch die Bewirtung und Beherbergung von Hausgästen stellen Anforderungen an die Planung des Hauses, insbesondere an die Größe der Wohnräume (wie viele Gäste sollen bei einem Fest dort Platz finden?) und die Anzahl der Individualräume (soll es ein eigenes Gästezimmer geben?). Planen Sie Gartenfeste und wünschen sich dafür Flächen und Infrastruktur (wie Grillstationen) im Garten oder am Übergang zwischen Haus und Garten?

Eine vollständige oder teilweise Verlagerung der Erwerbsarbeit in die eigenen vier Wände ist vor allem für Beschäftigte in Bürotätigkeiten – und mit Einschränkungen für handwerkliche Beschäftigungen – möglich. Das sogenannte Homeoffice ist einerseits umstritten, vor allem weil es die sozialen Kontakte mit dem Kollegenkreis, mit Kunden und Geschäftspartnerinnen einschränkt und somit zu Vereinsamung führen kann. Andererseits kann es viel Zeit – die sonst für die Wege zur und von der Arbeit benötigt wird – einsparen und die Organisation des Alltags sehr erleichtern. Das gilt insbesondere für Familien mit kleineren Kindern, die in Betreuungseinrichtungen gehen und von dort abgeholt werden müssen. Die Corona-Pandemie hat dieser Form des Arbeitens einen ordentlichen Schub verliehen, und es steht zu erwarten, dass Homeoffice zumindest an einem oder zwei Tagen in der Woche auch in Zukunft für viele Arbeitnehmerinnen und Arbeitnehmer eine Option bleiben wird. Vielleicht haben Sie ja selbst während der Corona-Pandemie am Küchentisch oder vom Sofa aus oder sogar im Keller oder auf dem Dachboden gearbeitet, weil Ihre derzeitige Wohnung keinen abgeschlossenen Arbeitsraum bietet? Falls Homeoffice für Sie zukünftig eine Möglichkeit ist, muss dies bei der Planung berücksichtigt werden, zum Beispiel in Form eines eigenen Arbeitszimmers oder eines abtrennbaren Bereichs in einem anderen Raum – jedenfalls an einer Stelle, die von den Wohnbereichen der Familie möglichst ungestört ist.

Genauere Informationen über diese Themen und konkrete Ratschläge für deren Umsetzung in der Planung finden Sie im Kapitel „Entwurfsplanung" ab Seite 47.

Schreiben Sie Ihr eigenes „Drehbuch"!

Wie lassen sich Ihre Wünsche an Ihr neues Heim in eine sinnvolle Form bringen und Ihrer Planerin oder Ihrem Planer so vermitteln, dass er oder sie diese später in konkrete Planungen ummünzen kann? Im Folgenden wollen wir Ihnen eine Vorgehensweise vorstellen, mit deren Hilfe Sie Ihre subjektiven Bedürfnisse ermitteln und in eine Art „Lastenheft" für das neue Haus übersetzen können: Wir nennen sie die „Drehbuchmethode". Bei Anwendung dieser Methode schreiben Sie im ersten Schritt gewissermaßen ein Drehbuch aus verschiedenen Szenen für bestimmte Anlässe, die in Ihrem neuen Haus stattfinden. Im zweiten Schritt überlegen Sie sich, welche Auswirkungen diese „Szenen" auf den Entwurf Ihres neuen Hauses haben könnten.

Manche Anlässe liegen insofern auf der Hand, als sie in fast allen Familien entweder regelmäßig (wie jährlich wiederkehrende Feste) oder zumindest gelegentlich (Einladungen zum Essen) gefeiert werden:

- Die Familie feiert gemeinsam wichtige religiös verwurzelte Feste im Jahr wie Weihnachten, Ostern, Yom Kippur oder das Opferfest.
- Sie laden Freunde zum Essen ein.
- Sie veranstalten einen Heimkinoabend.
- Sie feiern mit Familie, Freunden, Nachbarn ein Gartenfest.

- Sie feiern Kindergeburtstag mit vielen Freunden Ihrer Kinder.
- Sie sind Gastgeber eines Familientreffens mit Ihren Geschwistern, Eltern und Großeltern, Kindern, Cousins und Cousinen …

Andere Szenen sind vielleicht spezifisch für Ihr besonderes Familienleben. Um diesen Gelegenheiten auf die Spur zu kommen, können Sie Ihren Kalender des vergangenen Jahres nochmals durchgehen und die besonderen Tage vor Ihr geistiges Auge holen. Wahrscheinlich denken Sie bei dieser kleinen Reise in die Vergangenheit spontan an die Qualitäten und Defizite, die Ihre derzeitige Wohnung bei diesen Anlässen hatte. Vielleicht erinnern Sie sich auch an Räumlichkeiten in Häusern und Wohnungen Ihrer Verwandten und Freunde, in denen Sie besondere Stunden und Tage verbracht haben, und deren Stärken und Schwächen zum jeweils gegebenen Anlass.

Sodann stellen Sie sich die Frage, welche Eigenschaften Ihr künftiges Haus haben soll, damit diese besonderen Anlässe den jeweils bestmöglichen räumlichen Rahmen erhalten können. Scheuen Sie sich nicht, den „idealen" Ablauf und die „perfekten" räumlichen Bedingungen für jeden Anlass zu notieren, auch wenn diese sich wahrscheinlich nicht zu 100 Prozent werden umsetzen lassen. Schließlich können Sie diese Vorstellungen in das Formular „So nutzen wir unsere Räume: das ‚Drehbuch' für die Hausplanung" auf Seite 129 eintragen – sie werden dann zusammen mit der quantitativen Ermittlung zu einer Handreichung für Ihren Planer, Ihre Planerin, aus der diese hoffentlich gute Schlüsse ziehen können, wie Sie sich Ihr künftiges Haus vorstellen.

Lassen Sie uns dieses Drehbuch an einem Beispiel durcharbeiten, das fast alle Familien kennen und alljährlich erleben: die gemeinsame Weihnachtsfeier. Diese stellt hohe Anforderungen an die räumliche Umgebung, wenn viele Menschen zu Besuch kommen und außerdem besondere Objekte (wie der Weihnachtsbaum, die Krippe und Ähnliches) Platz finden müssen. Im Drehbuch für dieses aufwendige Fest stellen sich unter anderem folgende Fragen:

- Die Festgesellschaft ist viel größer als Ihre Kernfamilie, weil Großeltern und Geschwister mit Ihren Partnern und Kindern zu Besuch kommen. Wie bringen Sie die vielen Leute zum Essen an Tischen unter? Brauchen Sie dafür einen erweiterbaren Esstisch, oder wird ein weiterer Tisch aufgestellt, an dem zum Beispiel die Kinder sitzen können? Wo soll und kann dieser Tisch stehen?
- Der geschmückte Tannenbaum ist ein wichtiger Teil jedes Weihnachtsfests. Wo soll er stehen? Lässt sich dafür eine Position mit größerer Raumhöhe schaffen, damit Sie künftig endlich den stattlichen Baum besorgen können, von dem Sie schon immer geträumt haben? Dann sollte an dieser Stelle möglichst kein Teppichboden verlegt sein, denn auch wenn Sie anstelle von Wachskerzen elektrische Lichterketten verwenden, verliert der Baum doch seine Nadeln, daher freuen Sie sich über einen wischbaren Untergrund.
- Kann sich die ganze Gruppe um den Baum versammeln? Es kommt nicht in erster Linie auf die Anzahl verfügbarer Sitzmöbel an, denn Kinder lümmeln gerne auf dem Boden herum. Ist das Klavier in Hörweite, damit Sie gemeinsam singen können?

Insgesamt soll das Drehbuch Ihnen dabei helfen, nach erfolgter Ermittlung des objektiven Bedarfs auch die subjektiven Qualitäten, die Sie sich in Ihrem künftigen Haus wünschen, so konkret wie möglich zu formulieren. Bei der Form sind Ihrer Fantasie keine Grenzen gesetzt: Schreiben Sie einen Text, erstellen Sie ein Moodboard aus Fotos und Zeitungsausschnitten (siehe Seite 30/31), oder nehmen Sie mit Ihrer Familie eine Audiodatei auf. Wie auch immer Sie Ihr Drehbuch dokumentieren: Es wird der Planerin bei ihrer Arbeit sicherlich nützlich sein.

BUDGET UND FINANZIERUNG: WAS KÖNNEN WIR UNS LEISTEN?

Der Hausbau ist für die meisten Menschen das größte und teuerste Projekt ihres Lebens. Erstaunlich viele Bauherren und Bauherrinnen machen bei der Vorbereitung ihres Projekts den fatalen Fehler, die Finanzierung zu knapp anzulegen. Dieser Fehler ist besonders bei individuell geplanten Häusern gefährlich, weil sich dort die endgültige Kostensicherheit erst nach der Vergabe aller Gewerke einstellt, die meist erst während der Bauzeit abgeschlossen ist. Aber auch bei Fertig- und Systemhäusern lauern Kostenfallen in Nachträgen, die sich aus Änderungen der Planung oder einzelner Materialien und Ausstattungsgegenstände nach Vertragsabschluss ergeben. Daher ist es sehr wichtig, den Kostenrahmen des Hauses realistisch und mit ausreichender Reserve an die eigenen finanziellen Möglichkeiten anzupassen.

Eine wichtige Vorgabe zum Budget ist gleich zu Beginn des Projekts der Preis des Grundstücks, den Sie nur durch Ihre Kaufentscheidung definieren können. An vielen weiteren Stellschrauben können Sie später bei der Planung des Hauses drehen. In den folgenden Absätzen finden Sie einige Grundregeln zum kostensparenden Bauen.

Zahlreiche weitere Anregungen, wie Sie Ihr Budget nicht über Gebühr belasten, finden Sie im Buch „Günstig bauen. Sparpotenziale beim Hausbau von der Planung bis zur Ausstattung" der Stiftung Warentest.

Planung hilft, Kosten zu sparen

Der erste und entscheidende Grundsatz für die Einsparung von Baukosten lautet: Wohnfläche und Gebäudevolumen kosten Geld – oder, anders formuliert: Je kleiner Sie Ihr neues Haus anlegen, desto billiger wird es bei gleichem Ausstattungsstandard sein. Überlegen Sie daher im Vorfeld genau, welche Räume Sie wirklich brauchen und welche Größen diese haben sollten. Dafür haben Sie bei der Bedarfsermittlung schon wichtige Grundlagen gelegt.

Es ist schwierig, eine Faustregel für die sinnvolle Größe eines Hauses zu formulieren. Jede Bauherrschaft muss für sich selbst festlegen, wie groß es sein muss oder wie klein es sein kann. Oft setzt auch das Grundstück eine Obergrenze, allerdings werden heute bei der Ausweisung neuer Baugebiete die meisten Grundstücke für Einfamilienhäuser so angelegt, dass dort maximal 150 bis 200 Quadratmeter Wohnfläche möglich sind. Da im Bebauungsplan fast immer nur Obergrenzen festgelegt werden, sind kleinere Häuser aber immer möglich. Denken Sie bei der Planung des Hauses zumindest am Rande auch an einen möglichen späteren Wiederverkauf: Je größer und somit teurer Ihr Haus ausfällt, desto kleiner wird die Gruppe potenzieller Käufer, die sich das leisten können.

Ein weiterer Trick beim Aufbau einer Finanzierung ist es, durch das Planen einer vermietbaren Einliegerwohnung regelmäßige Einnahmen zu generieren, die sowohl bei der Tilgung der Kredite helfen als auch für viele Bauherren Steuervorteile bringen können. Diese zusätzliche Wohneinheit kann auch für die flexible Weiternutzung des Hauses (mehr dazu auf den Seiten 20/21 in diesem Kapitel und auf den Seiten 56/57 im Kapitel „Entwurfsplanung") nützlich sein. Denn sie kann eines Tages von Ihren erwachsenen Kindern oder Ihren Eltern bewohnt werden, wenn der Anteil der Mieteinnahmen an der Finanzierung nicht mehr relevant ist.

Der zweite Grundsatz des kostengünstigen Bauens (nach der Größe des Hauses) bezieht sich auf die Form des Baukörpers: Da fast alle Bauteile und Materialien umso preiswerter hergestellt werden können, je weniger geometrische Anschlüsse wie Ecken, Kanten, Grate und Ähnliches sie aufweisen, und da vor allem die Übergänge zwischen verschiedenen Oberflächen kostspielig sind, empfiehlt es sich im Sinne des kostensparenden Bauens, den Baukörper möglichst einfach auszubilden. Vor- und Rücksprünge, Erker, Dachaufbauten und Ähnliches kosten mehr Geld als glatte, gerade Oberflächen – zudem ist eine bauphysikalisch sinnvolle Dämmung an geometrisch einfachen Baukörpern erheblich einfacher zu erreichen.

Der dritte Grundsatz leuchtet ebenfalls unmittelbar ein: Besondere Wünsche und hohe Ansprüche sind fast immer teuer. Dies bezieht sich sowohl auf die Ausstattung des Hauses (zum Beispiel mit gebäudetechnischen Anlagen aller Art) als auch auf Materialien und Oberflächen. Das betrifft von außen unter anderem die Fassadenoberfläche, im Inneren insbesondere Bodenbeläge und Wandbekleidungen. In diesen Bereichen stecken gefährliche Kostenfallen. Wer sich hier zurückhält, kann viel Geld sparen. Im Kapitel „Ausführungsplanung" ab Seite 85 finden Sie Empfehlungen sowohl für die Planung von angemessener Gebäudetechnik als auch für die Auswahl bezahlbarer, aber dennoch dauerhafter Materialien.

Bauherren mit knappem Budget können auch darüber nachdenken, ein Haus zu Beginn nicht vollständig auszubauen oder bestimmte gewünschte Funktionalitäten zwar vorauszudenken und vorzubereiten, aber nicht gleich im Erstausbau herzustellen. Teilweise ausgebaute und nachrüstbar vorgerichtete Räume oder Bauteile (zum Beispiel ein zunächst nicht genutzter, aber bereits gedämmter Dachraum) kosten zwar mehr Geld als das komplette Weglassen dieser Optionen, können aber wünschenswerte Optionen für künftige Nutzungen (die beispielsweise erst erforderlich werden, wenn die Kinder größer sind) eröffnen. So lässt sich im Vergleich mit einer späteren größeren Um- oder Anbaumaßnahme mittelfristig Geld sparen. Wie sich eine Ausbaureserve und das Offenhalten von Nachrüstbarkeit planerisch umsetzen lassen, erklären wir im Kapitel „Entwurfsplanung" ab Seite 47.

Eigene Mitarbeit am Bau ist hingegen ein riskantes Thema: Auch wenn Sie talentierte Handwerker sind und auch Spaß am Selbermachen auf der Baustelle haben, sollten Sie nur dann mit großen Einsparpotenzialen durch Eigenleistungen rechnen, wenn der Zeitbedarf für den Bau Ihres Hauses keine große Rolle spielt: Es gibt im Bauzeitplan starke Abhängigkeiten Ihrer möglichen Eigenleistungen mit den anderen Gewerken, die schnell zu großen Verzögerungen (und damit wieder zu Mehrkosten) führen, wenn etwas nicht klappt wie vorgesehen. Hinzu kommt, dass Ihnen für Selbstgemachtes nicht nur keine Gewährleistung zusteht, sondern das Ergebnis Ihrer Eigenleistungen im ungünstigen Fall sogar die Gewährleistung der nachfolgenden Gewerke einschränken kann.

Fördermöglichkeiten einplanen

In Deutschland gibt es einige staatliche Förderbanken, die bei Einhaltung vorgegebener Standards und unter bestimmten Bedingungen Kredite mit reduzierten Zinssätzen und Tilgungszuschüssen anbieten. Diese Förderoptionen sind einerseits gebunden an Richtlinien, die sich von Jahr zu Jahr ändern, und hängen andererseits von Kriterien ab, die von Bundesland zu Bundesland unterschiedlich ausfallen. Daher ist es schwierig, in einem Buch konkrete Angaben zu den Fördermöglichkeiten zu machen.

Ein verlässlich verfügbares Förderkriterium waren bislang die Effizienzhausstandards der Kreditanstalt für Wiederaufbau (KfW):

KfW 40, KfW 55 etc. Die jeweilige Zahl bezeichnet den jährlichen Primärenergiebedarf des Hauses im Vergleich zu einem Referenzgebäude, das zu 100 Prozent den Vorgaben des Gebäudeenergiegesetzes (GEG) entspricht. Je niedriger die Zahl, desto höher ist die Energieeffizienz des entsprechenden Gebäudes – und desto höher fällt auch die mögliche Förderung aus. Beispielsweise benötigt ein KfW-Effizienzhaus 40 theoretisch nur 40 Prozent der Primärenergie, die ein vergleichbarer Neubau nach den Vorgaben des GEG verbraucht.

Zu Anfang des Jahres 2022 wurde das Förderprogramm der KfW allerdings vorläufig gestoppt. Der Grund: Die vorangegangene Ankündigung, dass die Förderung für Neubauten nach dem KfW-55-Standard im Januar 2022 auslaufen solle, hatte zu einer beispiellosen Antragsflut geführt, die die verfügbaren Mittel überstieg. Häuser nach dem KfW-Standard 55 werden künftig nicht mehr gefördert werden, für die strengere Effizienzhausstufe 40 soll ein neues Förderprogramm aufgelegt werden, das zeitlich befristet und auf eine Milliarde Euro gedeckelt sein soll (Stand Februar 2022). Das Förderprogramm soll im Jahr 2023 grundlegend überarbeitet und zu einer ganzheitlich orientierten Förderung für klimafreundliche neue Gebäude umgestaltet werden.

Informieren Sie sich auf den Seiten der KfW im Internet (kfw.de, dort insbesondere die Rubriken Privatpersonen/Neubau und Privatpersonen/bestehende Immobilie), um die jeweils gültigen Programmrichtlinien zu erfahren – und zwar vor Ihren Verhandlungen mit Banken über die konkrete Finanzierung Ihres Hauses, da die meisten KfW-Kredite nicht direkt an Kunden vergeben, sondern von den Hausbanken in deren Finanzierungskonzepte integriert werden.

Falls Sie ein bestehendes Haus sanieren, umbauen oder erweitern wollen, können Sie möglicherweise weitere Förderprogramme der KfW in Anspruch nehmen, zum Beispiel für den Abbau von Barrieren im Haus (und somit für die Sicherung von dessen langfristiger Nutzbarkeit) oder für die Verbesserung des Einbruchschutzes. Auch dafür stellt die Internetseite der KfW tagesaktuell nützliche Informationen zu den gerade verfügbaren Programmen und zu deren Konditionen bereit. Für die energieeffiziente Sanierung bestehender Gebäude bietet auf das Bundesamt für Wirtschaft und Ausfuhrkontrolle (Bafa) ein Förderprogramm an. Näheres dazu finden Sie auf bafa.de.

Viele Bundesländer bieten darüber hinaus auch Förderungen an, die gezielt Familien mit Kindern beim Erwerb von Wohneigentum unterstützen sollen. Dazu empfiehlt sich ein Besuch auf der Homepage der zuständigen Förderbank des jeweiligen Bundeslandes, wo sich die aktuell geltenden Förderrichtlinien finden lassen.

Die Stiftung Warentest befasst sich immer wieder in verschiedenen Publikationen mit dem Thema Finanzierung von Immobilien, insbesondere auch mit den Möglichkeiten der Förderung privater Maßnahmen durch die öffentliche Hand (in Form von Zuschüssen oder verbilligten Krediten). Auf test.de finden Sie unter der Rubrik Immobilien/Baufinanzierung/Eigenheimförderung zahlreiche Artikel und aktuelle Informationen zum Thema.

Nicht am falschen Ende sparen

Auch wenn es zweifellos eine gute Idee ist, beim Bauen auf überflüssigen Luxus zu verzichten und in sinnvoller Weise Kosten zu sparen, können gezielte Investitionen in bestimmten Bereichen doch auch wirtschaftlich sinnvoll sein. Dies gilt insbesondere, wenn Sie langfristig denken und mögliche spätere Veränderungen bereits baulich vorbereiten. Auf diese Weise lässt sich die langfristige Nutzbarkeit des Hauses sicherstellen oder verbessern – und häufig auch der Wiederverkaufswert erhöhen.

In vielen Fällen lassen sich mit relativ geringem baulichem Aufwand (und mit überschaubaren Mehrkosten) Nutzungsoptionen eröffnen, die den Aufwand für spätere Umbauten erheblich reduzieren.

Falls Sie sich in der Erstausstattung noch keine Anlagen zur solaren Energiegewinnung leisten können, sollten Sie zumindest die Leitungstrassen freihalten, die Sie für den Fall einer späteren Nachrüstung benötigen. Dies ist im Falle einer Photovoltaikanlage recht einfach, da diese nur eine (relativ dünne) Stromleitung benötigt – die allerdings bei Montage auf dem Dach meist durch die Dachabdichtung hindurchgeführt werden muss. Die Zu- und Ableitungen für das Wasser zum Betrieb eines solarthermischen Kollektors benötigen hingegen Rohre, für die zusätzlich zur Abdichtung auch im Rohbau des Daches (Holzdachstuhl oder Betondecke) Aussparungen vorgesehen werden müssen. Es ist in beiden Fällen erheblich günstiger und somit wirtschaftlich sinnvoll, die Durchführung der Leitungen schon beim Bau des Daches einzuplanen und auszuführen, als die Leitungen nachträglich durch das Dach zu führen.

Ähnliches gilt für Anlagen zur Nutzung von Regenwasser. Wenn Sie über eine Zisterne zur Bewässerung des Gartens nachdenken, diese aber nicht gleich einbauen wollen, sollten Sie die Leitungsführung zur Ableitung des Regenwassers schon in der Planung entsprechend vorsehen, um hier später preiswert nachrüsten zu können. Wenn Sie das Wasser vom Dach hingegen im Inneren des Hauses als Brauchwasser nutzen wollen (zum Beispiel für die WC-Spülungen), erfordert dies ein zweites Leitungssystem für Grauwasser im Haus, das sich nur mit unverhältnismäßigen Kosten nachrüsten lässt. Diese Leitungen, eine ausreichend große Zisterne (als Zwischenspeicher für das Regenwasser) und die dafür erforderlichen Pumpen sollten Sie daher unbedingt von Anfang an einbauen lassen.

Eine sinnvolle Investition kann auch in der Vorbereitung potenzieller späterer Umbaumaßnahmen liegen, die das Haus für Änderungen in der Zusammensetzung der Familie tauglich machen können – zum Beispiel für eine Abtrennung des von den Kindern bewohnten Bereichs entweder als eigene, vermietbare Wohnung, als Gästezimmer oder als alterstaugliche Wohnung für die eigenen Eltern (siehe hierzu Seiten 56/57). Auch hier empfiehlt es sich, denkbare Szenarien im Planungsprozess durchzuspielen und die baulichen Folgen vorauszudenken, um nicht später unnötig und aufwendig in tragende Wände, Leitungsführungen oder Ähnliches eingreifen zu müssen. Bei vorausschauender Planung muss dies zunächst nicht unbedingt zu Mehrkosten führen, kann dann aber später erheblich Kosten einsparen.

Wenn Sie schließlich vorhaben, das neue Haus bis ins hohe Alter zu bewohnen, können sich auch Investitionen in die Barrierefreiheit (vgl. Seite 62) mittelfristig lohnen. Auch hier gilt, dass nicht jede Maßnahme schon zu Beginn umgesetzt werden muss: Oft genügt es, die nötigen Vorbereitungen zu treffen, zum Beispiel für den späteren Einbau eines Treppenlifts oder Aufzugs (Letzteres wird nur in sehr großzügigen Einfamilienhäusern eine realistische Möglichkeit sein), für die Verbreiterung von Türen oder das Entfernen von nicht tragenden Wänden, um mehrere Räume zusammenlegen zu können.

Alle erwähnten Optionen erfordern eine vorausschauende Planung, die vorstellbare künftige Entwicklungen schon in einem frühen Stadium mitdenkt und kluge Vorbereitungen trifft. Das bedeutet, zum Beispiel die Lage von Räumen, die Position von Fenstern, Erschließungselementen, Leitungstrassen und Ähnlichem nicht allein im Licht des gegenwärtigen Bedarfs zu sehen. Mit etwas entwurflichem Geschick werden aus diesen Vorkehrungen nur überschaubare Mehrkosten entstehen, die sich bei späterer Umsetzung der vorausgedachten Maßnahmen durch den dann geringeren baulichen Aufwand in Euro und Cent auszahlen.

PLANUNGSABLAUF

Nachdem Sie die Grundlagen erarbeitet haben, geht es jetzt wirklich los mit der Arbeit am Entwurf und der konkreten Planung Ihres Hauses. In diesem Kapitel finden Sie Informationen zu den aufeinander aufbauenden Arbeitsschritten, die Sie zusammen mit den entsprechenden Fachleuten gehen müssen, und Empfehlungen zur Auswahl dieser Fachleute und zu den Methoden zielführender Zusammenarbeit.

GEEIGNETE PLANER FINDEN

Sie haben Ihren Raumbedarf ermittelt, Ihre Anforderungen formuliert und Ihr Budget definiert – jetzt wollen Sie mit der Planung beginnen. Bevor Sie dies tun können, müssen Sie sich Partner suchen, mit denen Sie diesen Weg gemeinsam gehen wollen. Dabei kommt es vor allem darauf an, ein Gegenüber zu finden, dem Sie Ihre Wünsche und Anforderungen anvertrauen wollen und dem Sie auch zutrauen, sie in eine für Sie passende Planung umzusetzen. Das ist insofern eine folgenschwere Entscheidung, als Sie Ihrem Planer, Ihrer Planerin einen großen Vertrauensvorschuss geben müssen, damit diese ihre Arbeit gut und gründlich erledigen können. Sie sollten sich daher sorgfältig über ihre Kompetenz und Erfahrung informieren. Zudem werden Sie in den nächsten Monaten viel Zeit mit ihm oder ihr verbringen – daher darf und soll durchaus auch die persönliche Sympathie bei der Auswahl eine gewichtige Rolle spielen.

Kriterien für die Planersuche

- **Erfahrung:** Dieser Punkt ist zwar nicht unwichtig, sollte aber auch nicht überbewertet werden. Ein- oder Zweifamilienhäuser sind eine relativ einfache Bauaufgabe, die ein Architekt schon wenige Jahre nach seinem Studium gut bewältigen kann, auch wenn er noch kein solches Projekt umgesetzt hat. Wenn Sie einen jungen, motivierten Planer finden, mit dem Sie gut harmonieren, wird dieser seine naturgemäß geringere Erfahrung hoffentlich durch höheres Engagement wettmachen.
- **Persönliche Sympathie:** Diese sollte einerseits schon deswegen vorhanden sein, weil man im Lauf des Planungsprozesses viel Zeit zusammen verbringt – andererseits ist die richtige „Chemie" erfahrungsgemäß die Voraussetzung dafür, einem Dienstleister das Maß an Vertrauen entgegenzubringen, das für eine langfristige und in persönliche Themen hineinreichende Arbeitsbeziehung erforderlich ist.
- **Offenheit und Interesse:** Haben Sie das Gefühl, dass die Planerin Ihnen gut zuhört, Ihre Wünsche (und vielleicht auch internen Konflikte) ernst nimmt und den Willen erkennen lässt, sich auf Sie und Ihre Ansprüche einzulassen? Die Planung eines Hauses ist ein Geben und Nehmen und erfordert immer wieder Kompromisse – nicht nur innerhalb der Bauherrschaft, sondern vor allem zwischen Bauherrschaft und den Planenden. Die ernsthafte Bereitschaft, sich diesem Aushandlungsprozess auszusetzen, ist Voraussetzung für eine gute Zusammenarbeit.

Am besten auf Empfehlung

Es ist grundsätzlich empfehlenswert, die Planerin eines individuell zu entwerfenden Hauses regional zu suchen, also in der nahen Umgebung des künftigen Wohnorts. Die räumliche Nähe erleichtert nicht nur die Vereinbarung und Durchführung von Planungsgesprächen, sondern hat einen weiteren großen Vorteil: Wenn die Planungsphase gut verlaufen ist, sollten Sie die Entwerferin möglichst auch damit beauftragen, sich um die bauliche Umsetzung ihres Entwurfs, sprich: die Realisierung Ihres Hauses zu kümmern. Und für die dafür erforderlichen Schritte wird es sich auf jeden Fall auszahlen, wenn der Planer oder die Planerin einen kurzen Weg zur Baustelle hat und auf Kontakte zu ortsansässigen Handwerksbetrieben zurückgreifen kann.

Der vielleicht beste Weg zum richtigen Planer führt über den Weg einer persönlichen Empfehlung: Wenn Sie Freunde oder Bekannte haben, die in den letzten Jahren ein Haus gebaut haben, sollten Sie diese über ihre Erfahrungen mit dem Planer oder Anbieter befragen. Waren diese positiv, sollten Sie mit diesem Planer ein Gespräch vereinbaren – umso mehr dann, wenn Ihnen das entsprechende Haus gefällt.

Wenn Ihnen die Gestaltung Ihres künftigen Hauses besonders wichtig ist, kann es sinnvoll sein, sich auch am (künftigen) Wohnort nach neuen Häusern umzuschauen, deren Architektur Sie spontan überzeugt. Vielleicht haben Sie ein Grundstück in einem Baugebiet gekauft, in dem schon einige neue Häuser im Bau oder auch schon fertiggestellt sind. Wenn ja, können Sie durchaus versuchen, mit den Bauherren oder Bewohnern dieser Häuser ins Gespräch zu kommen, sie nach ihren Erfahrungen zu befragen und sich gegebenenfalls die Kontaktdaten des planenden Büros geben zu lassen. Wenn die Bauherren zufrieden waren, werden sie ihre Architektin oder ihren Architekten sicherlich gerne weiterempfehlen.

Recherche hilft weiter

Auch die zuständige Architektenkammer kann bei der Suche nach geeigneten Planungspartnern hilfreich sein. Fast alle Architekten und Architektinnen sind Mitglieder dieser Kammern und können auf deren im Internet veröffentlichten Mitgliederlisten gefunden werden. Die Kammern sind Dienstleister für alle Mitglieder und werden Ihnen daher keine einzelnen Personen empfehlen, aber die Listen haben eine Suchfunktion, mit der Sie nach Planerinnen und Planern aus Ihrem künftigen Wohnort oder dessen Umgebung suchen können.

Diese lokale Auswahl können Sie dann mittels einer Recherche im Internet genauer unter die Lupe nehmen: Schauen Sie sich auf den Webseiten der Büros insbesondere die Wohnungsbauten an und lassen Sie diese auf sich wirken. Gefällt Ihnen die gestalterische Grundhaltung, die aus den gezeigten Projekten spricht? Machen diese den Eindruck, gut konstruiert und solide gebaut zu sein? Zeigt sich in ihnen eine gewisse Variationsbreite, die darauf schließen lässt, dass die Planerin auf die Wünsche der jeweiligen Bauherrschaft eingegangen ist?

Info Wer kann den Bauantrag einreichen?

Neben Architekten, Innenarchitekten und Bauingenieuren, die in die Listen der Ingenieurkammern eingetragen sind, dürfen in Bayern, Baden-Württemberg, Berlin, Hamburg, Bremen, Hessen, Niedersachsen und Schleswig-Holstein auch Vertreter beziehungsweise Vertreterinnen anderer Berufsgruppen im Bauwesen Bauanträge für kleinere Wohngebäude einreichen, so zum Beispiel Handwerksmeister und -meisterinnen des Bauhauptgewerbes (Maurer, Zimmerer und Betonbauer) sowie Bautechniker und Absolventinnen und Absolventen der Studiengänge Architektur, Innenarchitektur und Bauingenieurwesen.

Schließlich finden Sie in jedem gut sortierten Kiosk zahllose Zeitschriften, die sich mit allen denkbaren Aspekten des Themas Wohnen beschäftigen – vom eleganten Spitzendesign bis zu ganz praktischen Fragen des Bauens. Allerdings haben diese Journale meist ein bundesweites, oft darüber hinausgehendes Verbreitungsgebiet: Sie werden daher dort nur mit etwas Glück Architekten oder Hausanbieter finden, die in Ihrer Region ansässig sind und für Ihr Projekt infrage kommen. Die regionale Tagespresse Ihres künftigen Wohnorts transportiert hingegen lokale Informationen, beschäftigt sich aber eher selten mit Bauprojekten (und wenn doch, noch seltener mit Einfamilienhäusern) – daher werden Sie dort nur in Einzelfällen nützliche Hinweise finden.

FERTIGHAUSANBIETER FINDEN

Wenn Sie vorhaben, ein Fertighaus zu bauen, folgt die Suche nach einem geeigneten Anbieter ganz anderen Gesetzmäßigkeiten als die oben beschriebene Suche nach einem Planer oder einer Planerin. Die Hersteller von Fertighäusern arbeiten überregional, daher dürfte eine lokale Suche nicht aussichtsreich sein. Zudem ist die Auswahl sehr groß: Zahllose Firmen sind auf dem Fertighausmarkt tätig und bieten ein breites Spektrum von Häusern an – vom einfachen Typenhaus bis hin zum weitgehend individuell geplanten und hochwertig ausgestatteten Unikat.

Kriterien für die Anbietersuche

Angesichts dieses unübersichtlichen Markts ist es sinnvoll, die Recherche nach einem passenden Baupartner vorrangig nach vorab festzulegenden Kriterien auszurichten, in denen sich die Anbieter unterscheiden. Prüfen Sie infrage kommende Firmen beispielsweise nach folgenden Gesichtspunkten:

- Sagt Ihnen die bauliche Gestaltung zu? Das lässt sich aus den Bildbeispielen im Katalog und auf der Homepage leicht ablesen.
- Bietet das System des Herstellers Möglichkeiten, Grundrisse zu individualisieren und auf spezielle Kundenwünsche einzugehen?
- Lassen sich mit diesem Hersteller auch individuelle Entwürfe von durch Sie beauftragten Planerinnen umsetzen?
- Welche ökologischen Standards legt der Hersteller zum Beispiel hinsichtlich der Herkunft der wichtigsten Rohstoffe an? Stammt etwa das verwendete Holz aus der Region?
- Wie sehen die gebäudetechnischen Standards aus? Das betrifft den Energiestandard sowie serienmäßig vorgesehene oder als Sonderausstattung verfügbare Heizungs- und Lüftungssysteme.
- Wie groß ist die Auswahl an Materialien, Farben und Ausstattungsgegenständen? Wie sind die Preise?

Für Fertighäuser erweist sich das Internet in noch höherem Maße als gute Informationsquelle als bei der Suche nach Planern. Grund dafür sind eben die überregionale Aufstellung sowie die Größe und Marktmacht der (relativ wenigen) Hersteller, die sich in ihren aufwendigen und informativen Auftritten im Netz widerspiegeln. Dort finden Sie auch Kontaktformulare, mit denen Sie nähere Informationen anfordern und mit den Firmen ins Gespräch kommen können. Freunde gedruckter Informationen finden in jedem gut sortierten Kiosk mehrere spezialisierte Zeitschriften auch zum Thema Fertighaus, in denen die Anbieter ihre Häuser ausführlich präsentieren und denen Sie, wenn Sie sich den häufig werblichen Charakter dieser Publikationen bewusst machen, durchaus nützliche Informationen entnehmen können.

Gütegemeinschaften und Siegel

Um den Vergleich anhand klarer Kriterien zu ermöglichen und somit die Auswahl zu erleichtern, haben sich die Anbieter der Fertighausbranche in verschiedenen Gütegemeinschaften zusammengeschlossen, die für ihre Mitgliedsbetriebe jeweils bestimmte Mindeststandards garantieren. Es handelt sich dabei allerdings um Selbstverpflichtungen von Interessengemeinschaften, nicht um öffentlich oder gar staatlich geprüfte Kriterien.

- Die Bundesgütegemeinschaft Montagebau und Fertighäuser (BMF) e. V. vergibt unterschiedliche Gütezeichen und ist berechtigt, ihre Mitgliedsbetriebe fortlaufend zu überwachen und regelmäßig zu zertifizieren.

- Die Qualitätsgemeinschaft Deutscher Fertigbau (QDF) legt ihren Mitgliedsunternehmen strenge Standards in Sachen Produkt- und Prozessqualität auf, die – nach eigenen Angaben – weit über die Anforderungen des Gesetzgebers hinausgehen, und betreibt eine Ombudsstelle zur Schlichtung allfälliger Streitigkeiten.
- Der Deutsche Fertigbauverband (DFV) e. V. hat zur Qualitätssicherung die Gütegemeinschaft Deutscher Fertigbau (GDF) ins Leben gerufen, die ebenfalls ein Gütezeichen vergibt.

Darüber hinaus verleihen mehrere von der Branche unabhängige Institutionen Gütesiegel zu bestimmten Eigenschaften von Häusern. Auch hier ist es jedoch schwer, belastbare Aussagen von Marketingslogans zu unterscheiden. Wir listen daher hier nur einige wenige Labels auf, die aus vertrauenswürdigen Quellen kommen:

- Das Gütesiegel Effizienzhaus, verliehen von der Deutschen Energie-Agentur (dena), dokumentiert den niedrigen Energiebedarf von Gebäuden – was bei Fertighäusern durch die Typisierung besonders leicht nachzuweisen ist.
- Für das Siegel der Qualitätsgemeinschaft Deutscher Fertigbau (QDF, siehe oben) wird von unabhängigen Prüfern in den Produktionsanlagen und auch vor Ort bei der Montage der Häuser ein hoher Qualitätsstandard für Produkte und Prozesse sichergestellt.
- Das RAL-Gütezeichen Holzhausbau wird von mehreren der oben genannten Dachorganisationen verliehen und ist aufgeteilt in zwei Teile, die sich auf die Herstellung und die Errichtung und Montage von Häusern beziehen.
- Die Deutsche Gesellschaft für nachhaltiges Bauen (DGNB) vergibt Zertifikate zur ökologischen, ökonomischen und soziokulturellen Qualität von Gebäuden (auch für Fertighäuser), deren Standards zusammen mit dem zuständigen Bundesministerium erarbeitet wurden.
- Das Qualitätssiegel Nachhaltiges Gebäude (QNG) ist eine staatliche, weil vom Bundesinstitut für Bau-, Stadt- und Raumforschung (BBSR) administrierte Zertifizierung im Bauwesen, mit der die Nachhaltigkeitsklasse von Gebäuden nachgewiesen werden kann – was sich im Einzelfall auch konkret auf Förderungen unter anderem aus Bundesmitteln auswirkt.

Musterhausparks

Schließlich gibt es in Deutschland zahlreiche Ausstellungsgelände, auf denen die Hersteller von Fertighäusern ihre Produkte präsentieren – eines davon ist sicher nicht weit entfernt von Ihrem Wohnort. Diese sogenannten Musterhausparks oder -ausstellungen bieten Ihnen einerseits die Möglichkeit, sich Häuser im Originalmaßstab und auch von innen anzusehen, andererseits können Sie dort mit Vertretern der Anbieter direkt ins Gespräch kommen.

Einen wichtigen Punkt sollten Sie bei der Besichtigung von Musterhäusern allerdings im Hinterkopf behalten: Die dort präsentierte Ausstattung entspricht häufig nicht der Standardausstattung, die im vom Hersteller genannten Grundpreis des Hauses enthalten ist, sondern kann mit (in der Summe erheblichen) Mehrkosten gegenüber dem Katalogpreis verbunden sein.

Ein Fertighaus von der Architektin?

Aufgrund der hohen Digitalisierung ihrer Produktionsanlagen sind die meisten Anbieter von Fertighäusern heute auch in der Lage, individuell geplante Häuser in ihren Systemen herzustellen und zum Festpreis zu kalkulieren. Daher kann es durchaus eine interessante Option sein, sich ein Haus von einer Planerin Ihres Vertrauens entwerfen und anschließend auf der Grundlage der von der Planerin erstellten Vorentwurfs- oder Entwurfszeichnungen von Fertighausherstellern anbieten zu lassen.

Sie würden dann zusammen mit der Architektin die Ermittlung Ihres Bedarfs und die Formulierung des Raumprogramms vornehmen, sie anschließend mit der Erstellung eines Vorentwurfs und der Weiterführung in die Entwurfsplanung beauftragen (das sind die Leistungsphasen 1–3 ihrer Tätigkeit). Anschließend würde die Architektin die fertige Entwurfsplanung zur Erstellung eines Angebots an den Fertighaushersteller weitergeben – nach Möglichkeit in Form von Vektor-Daten (Austauschformate dxf oder dwg). Darüber hinaus hat es sich bewährt, wenn Sie die entwerfende Architektin auch in die ersten Verhandlungen mit der Herstellerfirma – vielleicht auch in den zentralen Termin zur Bemusterung – als Beraterin mit einbeziehen, damit sie die Umsetzung Ihrer Wünsche auf der Fachebene sicherstellen und Sie bei der Auswahl der gestaltrelevanten Oberflächen beraten kann.

Sie müssen bei dieser Vorgehensweise zwar Ihre Entscheidungen bezüglich der Baustoffe und Details früher treffen und auch Ihre Beteiligung am Planungsprozess früher abgeben als beim individuell geplanten Haus, da der Bau jedes Fertighauses innerhalb der Systeme des ausgewählten Herstellers umsetzbar sein muss. Dies verringert einerseits Ihre Wahlfreiheit, andererseits gewinnen Sie damit den Vorteil einer früheren Verbindlichkeit bei den Baukosten.

PLANUNGSGESPRÄCHE VORBEREITEN

S. 139

Erste Gespräche zum Kennenlernen sollten Sie noch mit mehreren Architekturbüros vereinbaren. Dabei kann es noch nicht um konkrete Fragen zur Planung gehen, sondern eher um die oben erwähnte Klärung, ob auf der persönlichen Ebene eine „gemeinsame Wellenlänge" vorhanden ist (oder zumindest erreichbar erscheint) und ob der Architekt, die Architektin die von Ihnen formulierten Ziele des Projekts fachlich mittragen würde.
Diese Erstgespräche sind üblicherweise unentgeltlich, auch wenn es anschließend nicht zur Vergabe eines Auftrags kommt – versichern Sie sich aber auf jeden Fall schon bei der Terminvereinbarung, ob dafür ein Honorar berechnet wird.

Was wird wann besprochen?

Erläutern Sie Ihrem Gesprächspartner im ersten Planungsgespräch möglichst ausführlich die Ergebnisse Ihrer Bedarfsermittlung und Ihre Anforderungen an das zu planende Haus. Lassen Sie sich im Gespräch vom Architekten Referenzprojekte zeigen, die Ihrem angedachten Haus ähnlich sind: Sind eines oder mehrere dabei, die Ihnen spontan gefallen, ist dies eine gute Grundlage. Fragen Sie auch nach den Kontaktdaten früherer Auftraggeber, die Sie ansprechen und nach ihren Erfahrungen befragen dürfen. Sie können im Gespräch auch danach fragen, auf welcher Grundlage der Architekt sein Honorar ermittelt, denn die Honorarordnung für Architekten und Ingenieure (HOAI) gilt zwar grundsätzlich noch, gibt aber seit 2021 keine verbindlichen Honorarsätze mehr vor. Machen Sie sich Notizen und besuchen Sie nach dem Gespräch erneut die Homepage des Architekturbüros, um sich dort weitere Referenzen anzuschauen.

Das zweite Planungsgespräch führen Sie nach der Entscheidung für eine Architektin oder einen Architekten nur noch mit der ausgewählten Person. Übergeben Sie ihr (nach Möglichkeit bereits im Vorfeld) eine schriftliche Dokumentation der Ergebnisse Ihrer Bedarfsermittlung (siehe voriges Kapitel) sowie alle Unterlagen zu Ihrem Grundstück. Das ist insbesondere ein Katasterauszug auf Papier und nach Möglichkeit auch digital als Vektordaten, den Sie vom Verkäufer erhalten oder bei der Kommune (beziehungsweise dem beauftragten Vermessungsamt oder Vermessungsbüro) anfragen können. Wichtig sind außerdem Höhenaufnahmen (gegebenenfalls Schnittzeichnungen) sowie Informationen zur Erschließung und zu Zufahrtsmöglichkeiten. Informationen zur Lage der Ver- und Entsorgungsleitungen erhalten Sie vom Versorgungsträger (Stromnetzbetreiber, für die Wasserversorgung und -entsorgung zuständige Betriebe, Unternehmen für die Versorgung mit Gas, Fernwärme etc., Telekommunikationsunternehmen). Informationen über die Bezugsquellen erteilt die Kommune oder die zuständige Kreisverwaltung. Über die Beschaffenheit des Baugrunds können Sie sich beim Grundstücksverkäufer oder bei der Kommune informieren. Die Angaben zur Bebaubarkeit des Grundstücks nach Planungsrecht lassen sich in der Regel dem Bebauungsplan entnehmen. Wo kein Bebauungsplan vorhanden ist, erfahren Sie Näheres von der Kommune (Stadt- oder Gemeindeverwaltung) oder von einem von der Kommune beauftragten Vermessungsbüro.

Neben der Zusammenstellung dieser Unterlagen sollten Sie eine Liste der Fragen erstellen, die Sie mit dem ausgewählten Planer grundsätzlich erörtern wollen, bevor dieser mit der konkreten Entwurfsarbeit beginnt. Dazu gehören in diesem Stadium vor allem der Umgang mit übergeordneten Themen wie Barrierefreiheit, Flexibilität und ökologischen

Hilfsmittel für Planungsgespräche

▶ **Maßstäbe und Lineale:** Besorgen Sie sich in einem Fachgeschäft für Zeichenbedarf einen „Dreikant" – das ist ein dreieckiges Lineal, auf dessen verschiedenen Seiten die wichtigsten Maßstäbe (üblicherweise 1:100, 1:50, 1:25, 1:20, manchmal auch 1:33,3) aufgetragen sind. Ein solches Hilfsmittel ermöglicht es Ihnen, in allen vorgelegten Plänen Entfernungen abmessen zu können, ohne dabei die Einheiten umrechnen zu müssen.

▶ **Transparentpapier:** Dieses spezielle, durchscheinende Papier gibt es auf Blocks und auf Rollen. Planer verwenden es gerne, um während des Gesprächs mit Ihnen (gewissermaßen „in Echtzeit") Varianten zu den vorgelegten Plänen zu skizzieren – probieren Sie das doch auch einmal, vielleicht hilft es bei der Konkretisierung von Gedanken.

▶ **Farbstifte:** Für diese Skizzen sind farbige Stifte besonders nützlich, mit denen man Gedanken zu verschiedenen Themen voneinander unterscheidbar in die Zeichnung eintragen kann. Buntstifte sind dabei besser geeignet als Filzstifte, da sich ihre Striche radieren lassen.

▶ **Taschenrechner:** Auch dieses alltägliche Gerät – oder eine entsprechende App – kann sehr nützlich sein, um Gesamtmaße zu errechnen oder einzelne Angaben aus der Kostenberechnung zu überprüfen (wenn das selbstrechnende Formular nicht zur Verfügung steht).

▶ **Möbelliste:** Hilfreich ist schließlich eine Auflistung möglichst aller Möbel, die ins neue Haus umziehen sollen, mit Maßangaben, um deren Stellung im Grundriss überprüfen zu können. Dafür hat es sich bewährt, im jeweils passenden Maßstab kleine Schablonen aus Papier auszuschneiden, die man dann im Grundrissplan hin- und herschieben kann.

Standards. Wenn der Planer schon im Vorfeld seiner eigentlichen Arbeit Ihre Position zu diesen wichtigen Standards einschätzen kann, erleichtert dies seine Arbeit erheblich.

Die Planerin wird zu jedem Planungsgespräch einen neuen Planstand vorlegen, in dem die Ergebnisse des vorigen Gesprächs eingearbeitet sein sollten. Ob dies zu Ihrer Zufriedenheit geschehen ist, können Sie direkt im Gespräch oder auch im Anschluss daran überprüfen. Es ist erfahrungsgemäß wenig sinnvoll, sich den Planstand schon vor dem Gespräch vorlegen zu lassen (zum Beispiel per E-Mail), da sich die Pläne üblicherweise nicht vollständig selbst erklären und dadurch Fragen aufgeworfen werden, die durch eine persönliche Erklärung der Pläne gar nicht erst aufkommen. Lassen Sie sich die Unterlagen im Gespräch mit der Planerin gründlich erläutern und bedingen sich anschließend ausreichend Zeit zur Prüfung und internen Diskussion derjenigen Fragen aus, die Sie nicht schon im Gespräch abschließend klären wollen oder können.

Auch wird die Planerin sich im Gespräch immer wieder auf Beispiele aus der eigenen Arbeit oder auf Projekte anderer Architekten beziehen, die Lösungen für auftretende Probleme enthalten und Antworten auf gestellte Fragen geben. Da Ihre Planerin im Vorfeld nicht wissen kann, welche Fragen auftauchen und welche Bilder oder Bücher sie daher zum Gespräch mitbringen sollte, ist es sinnvoll, Planungsgespräche nach Möglichkeit im Büro der Planerin durchzuführen – dort gibt es meist auch ein Kopiergerät, auf dem sich Unterlagen vervielfältigen und Skizzen dokumentieren lassen.

Scheuen Sie sich daher auch selbst nicht, Beispiele und Referenzprojekte, die Sie in Zeitschriften oder im Internet gesehen und die Ihnen gefallen haben, zu sammeln, zu dokumentieren (im Sinne eines sogenannten Moodboards) und in das Gespräch einzubringen. Dies können und sollten Sie in allen Phasen der Planung tun – mehr dazu im nebenstehenden Kasten und auf Seite 31. Ein guter Planer wird diese Referenzen nicht wörtlich nehmen, sondern die dahinterstehende Aussage verstehen, zum Beispiel, dass Sie eine schlichte, eine moderne oder eine rustikale Ästhetik bevorzugen. Diese Vorlieben haben Sie ja sicher bereits bei der Suche nach dem Planer und der Auswahl berücksichtigt. Besonders hilfreich sind solche Beispiele in den späteren Planungsphasen, wenn es um die Auswahl von Materialien, Oberflächentexturen und Farben geht.

Die weiteren Planungsgespräche folgen dem üblichen Ablauf der räumlichen Planung, den wir nachfolgend im Kapitel „Ausführungsplanung“ ab Seite 85 ausführlich beschreiben werden. Der Fortschritt verläuft

So hilft ein Moodboard bei der Planung

- **Frühe Planungsphase (Vorentwurf):** Sammeln Sie Bilder von Außenansichten und Innenräumen von Häusern, die Ihnen spontan gefallen haben – dies können sowohl eigene Fotos als auch Ausschnitte aus Zeitschriften oder Ausdrucke von Internetseiten sein. Stellen Sie diese auf einer Tafel oder in einem Heft zusammen und versuchen Sie, mit einigen Worten zu erklären, welcher Aspekt der gezeigten Häuser Sie jeweils angesprochen hat.
- **Mittlere Planungsphase (Entwurf):** Je weiter die Planung fortschreitet, desto konkreter können Ihre Bilder werden. Zum Beispiel können Sie jetzt Eingangssituationen, Treppen, Terrassen und Ähnliches abbilden. Auch dazu helfen kurze textliche Erläuterungen.
- **Späte Planungsphase (Ausführungsplanung):** Wenn es um die konkrete Ausführung des Hauses in Material und Detail geht, sollten sich auch Ihre Referenzbilder mit den jeweils anstehenden Themen beschäftigen. Dokumentieren Sie jetzt Baustoffe und Produkte, die Sie gerne in Ihrem Haus hätten.

So erstellen Sie aussagekräftige Moodboards

Planungsphase	Thema	Quellen
Grundlagen		
Vor dem Beginn der Planungsphase (Leistungsphase 1 HOAI: Grundlagenermittlung)	Häuser, die Ihnen spontan gefallen. Versuchen Sie zu benennen, welcher Aspekt Sie besonders anspricht.	• eigene Fotos (z. B. von Reisen, Spaziergängen etc.) • Ausschnitte aus – Zeitschriften – Bilder aus dem Internet
	Gärten und Vorgärten, die Ihnen spontan gefallen. Versuchen Sie zu benennen, welcher Aspekt Sie besonders anspricht.	• eigene Fotos (z. B. von Reisen, Spaziergängen etc.) • Ausschnitte aus Zeitschriften • Bilder aus dem Internet
Situationen		
Vor dem Beginn der konkreten Arbeit am Entwurf (Leistungsphasen 2 und 3 HOAI: Vorplanung und Entwurfsplanung)	Einzelne Situationen vor, an und in Häusern, die Ihnen gefallen, z. B. • Eingangsbereiche • Treppen • Küchen • Bäder	• eigene Fotos (z. B. von Reisen, Spaziergängen etc.) • Ausschnitte aus Zeitschriften • Bilder aus dem Internet
	Einzelne Bereiche von Gärten und Vorgärten, die Ihnen spontan gefallen, z. B. • Vorplätze und Vorgärten • Terrassen • bepflanzte Bereiche	• eigene Fotos (z. B. von Reisen, Spaziergängen etc.) • Ausschnitte aus Zeitschriften • Bilder aus dem Internet
Materialien und Farben		
Nach Einreichung des Bauantrags (Leistungsphase 5: Ausführungsplanung)	Konkrete Vorschläge für Oberflächen und Materialien, Hersteller und Farben für die in den Bauteillisten im Anhang aufgeführten Bauteile	• eigene Fotos (z. B. von Reisen, Spaziergängen etc.) • Ausschnitte aus Zeitschriften • Bilder aus dem Internet, außerdem: • Prospekte, Material- und Farbmuster aus dem Baustoffhandel • Farbmusterkarten
	Vorschläge für Details, Möbel, Ausstattungsgegenstände	• eigene Fotos (z. B. von Reisen, Spaziergängen etc.) • Ausschnitte aus Zeitschriften • Bilder aus dem Internet

entlang von größer werdenden Maßstäben (von 1:500 im Lageplan bis hin zu 1:5 in den Detailplänen), zunächst in mehreren parallel oder nacheinander erarbeiteten Varianten, danach durch eine schrittweise Optimierung der ausgewählten Variante hin zum Bauantrag und zur umsetzungsreifen Ausführungsplanung. Auch die Entscheidungen, die Sie im Verlauf treffen müssen, bewegen sich von sehr allgemeinen Fragen zur Gestalt des Hauses bis hin zur sehr konkreten Auswahl von Materialien.

Für einen effizienten Planungsverlauf ist es sehr wichtig, dass Sie die anstehenden Entscheidungen zum richtigen, möglichst frühen Zeitpunkt verbindlich treffen – und nicht später nochmals infrage stellen. Auch dafür sind gründliche Protokolle der Planungsgespräche überaus nützlich – mehr dazu im Folgenden.

→ S. 139

Planungsgespräche mit Protokollen vor- und nachbereiten

Vor dem ersten Planungsgespräch sollten Sie Ihren Bedarf ermittelt und Ihre Wünsche formuliert haben. Machen Sie sich auch im Vorfeld klar, welche Erwartungen Sie an Ihren potenziellen Planer haben. Wenn Sie sich für einen Planer entschieden haben, steht vor jedem Folgetermin die rechtzeitige Übergabe von Unterlagen an, damit sich alle Beteiligten gut vorbereiten können.

Ablauf von Planungsgesprächen

Um ein Planungsgespräch effizient zu gestalten, empfiehlt es sich, eine Tagesordnung festzulegen, die möglichst auch im Vorfeld mit dem Planer oder der Planerin abgestimmt werden sollte. Darauf sollten möglichst alle zur Diskussion (und gegebenenfalls Entscheidung) anstehenden Themen erwähnt und in eine sinnvolle, aufeinander aufbauende Reihenfolge gebracht sein. Es hat sich dabei bewährt, zunächst die allgemeinen, übergeordneten Themen zu besprechen und sich erst danach mit speziellen Fragen und einzelnen Punkten zu beschäftigen.

Bei der Planung größerer Bauvorhaben wird üblicherweise eine Person, die organisatorisch weder zur Bauherrschaft noch zum Planer gehört, als externe Gesprächsführung benannt. Dies wird bei kleinen Bauvorhaben selten möglich sein – daher sollten Sie mit Ihrer Planerin oder Ihrem Planer vereinbaren, wer das Gespräch leitet, die Einhaltung der Tagesordnung überwacht und die Ergebnisse protokolliert. Wir empfehlen, dass die Planerin die Gesprächsführung übernimmt und Sie sich als Bauherrschaft um das Protokoll kümmern.

Im Sinne der Effektivität ist es sinnvoll, neben der Anfangszeit auch eine „Deadline" für das Ende des Gesprächs anzupeilen, um sich nicht an einzelnen Themen zu lange „festzubeißen". Wenn sich auch nach längerer Diskussion keine Entscheidung absehen lässt, ist oft eine Vertagung des Themas in das nächste Treffen das kleinere Übel.

Wie vermeidet man Missverständnisse im Planungsdialog?

Es ist Aufgabe Ihrer Planerin, Ihnen sämtliche Aspekte des Entwurfs und der Planung zu jedem Zeitpunkt deutlich zu machen, Informationen verständlich zu präsentieren und Entscheidungsgrundlagen klar zu vermitteln. Geben Sie sich daher nicht mit Fachjargon zufrieden, der Ihnen nicht oder nur teilweise verständlich ist, sondern bestehen Sie vielmehr auf unmissverständlichen Erklärungen. Die Planerin ist einerseits eine Fachfrau auf ihrem Gebiet, andererseits aber auch Ihre Auftragnehmerin und die Sachwalterin Ihrer Interessen – Sie haben daher Anspruch auf klare, verständliche Kommunikation.

Stellen Sie also klare Fragen und fordern Sie ebenso klare Antworten ein. Stellen Sie sicher, dass Sie immer verstehen, was in der Planung gerade bearbeitet wird und zu entscheiden ist. Diese Empfehlung gilt nicht nur für gestalterische Themen, sondern auch für Fragen nach Zeit und Geld. Wie wirken sich planerische Entscheidungen auf die Kosten aus? Welchen Effekt haben Änderungen an den Plänen auf den Planungsablauf und dessen Zeitbedarf? In diesen Fragen stecken die schwierigsten Entscheidungen beim Hausbau und somit auch die größten Konfliktpotenziale. Deshalb kommt hier der klaren Kommunikation eine besonders große Bedeutung zu. Treffen Sie nie eine Entscheidung, bei der Sie das Gefühl haben, ihre Konsequenzen nicht einschätzen zu können!

Wenn Sie ein Fertighaus bestellen oder ein bereits entworfenes Typenhaus von einem Generalunternehmer erstellen lassen wollen, sind Sie viel stärker an den bestehenden Typenentwurf des Hauses gebunden als bei einem Haus, das Sie speziell für sich und Ihr Grundstück planen lassen. In diesem Fall müssen Sie frühzeitig mit dem Anbieter des Haues ausloten, auf welchen Gebieten und in welchem Umfang Abweichungen von den Vorgaben dieses Hausentwurfs überhaupt möglich sind – und welche finanziellen Folgen dies haben kann. Davon wird letztlich abhängen, inwieweit Sie die Ergebnisse Ihrer Bedarfsermittlung und vor allem die parallel dazu formulierten Wünsche umsetzen können. Trotzdem sollten Sie die im folgenden Kapitel formulierten Empfehlungen gründlich lesen und versuchen, sie auf den vorliegenden Entwurf anzuwenden, insbesondere die Anforderungen an einzelne Räume.

Nachbereitung von Planungsgesprächen

→ S. 141

Wir empfehlen Ihnen, die Ergebnisse von Planungsgesprächen zumindest stichwortartig zu protokollieren und diese Protokolle der Planerin zeitnah zukommen zu lassen, damit sie die Informationen ergänzen und nötigenfalls Ihrer Darstellung widersprechen kann. Dafür eignet sich eine einfache Tabelle, die neben Thema und Entscheidung auch Spalten für den Zeitpunkt der Wiedervorlage (falls noch keine Entscheidung getroffen werden konnte) und für die Auswirkungen auf spätere Entscheidungen enthält. Einen Vorschlag für eine derartige Tabelle finden Sie im Anhang.
Zusätzlich zur beschriebenen Protokollierung der Planungsgespräche hat es sich bewährt, dass zum Ende jeder Leistungsphase (Näheres dazu ab Seite 34) – sprich: jeweils vor dem Übergang in einen neuen, größeren Planungsmaßstab – der dann vorliegende und vereinbarte Planstand von Planerin und Bauherrschaft durch Unterschriften bestätigt wird. Dies schafft Klarheit und vermeidet Unstimmigkeiten, falls es sich zu einem späteren Zeitpunkt als schwierig erweist, Entscheidungswege nachzuvollziehen.

Info Folgetermine planen

Vereinbaren Sie zum Abschluss jedes Planungsgesprächs den Termin für das folgende Gespräch und einigen Sie sich mit der Planerin auf die Inhalte, die darin behandelt werden sollen. Dies strukturiert nicht nur die Arbeit der Planerin, sondern fokussiert auch Ihre eigenen Denk- und Entscheidungsprozesse.

DER ABLAUF DER RÄUMLICHEN PLANUNG

Nach erfolgtem Grundstückskauf – oder zumindest der Vorauswahl von einigen wenigen Grundstücken (im Sinne einer engeren Wahl) – benötigen Sie möglichst vollständige Informationen zum Grundstück, damit Sie zusammen mit Ihrem Planer an die Arbeit gehen können (siehe Seite 29).

Die nächsten Schritte sind die Ermittlung des Raumbedarfs und der qualitativen Anforderungen an das neue Haus (siehe Kapitel „Bedarfsermittlung") sowie die Entscheidung für eine Art der Erstellung des geplanten Hauses sowie die Auswahl des Planers oder Anbieters. (siehe Seite 24 ff.)

Nachdem Sie diese ersten Aufgaben bewältigt haben, kann nun mit der räumlichen Planung der vielleicht wichtigste Vorgang beginnen, der auch den meisten Bauherrschaften besonders großen Spaß macht.

Die räumliche Planung besteht üblicherweise aus fünf aufeinanderfolgenden Phasen, die wir im folgenden Abschnitt erläutern. Der dargestellte Ablauf ist dabei an Leistungsbeschreibungen aus der Honorarordnung für Architekten orientiert, gilt aber mit geringen Variationen (die sich vor allem auf Ihre Entscheidungsspielräume und den Zeitplan beziehen) auch für den Bau von System- und Fertighäusern. Allgemein gilt, dass die Inhalte im Verlauf der Planung vom Groben ins Feine gehen, also zunehmend genauer und konkreter werden.

Die Planungsphasen

→ S. 135
→ S. 137

Im Anhang finden Sie zwei Checklisten zu den Inhalte der wichtigen Planungsphasen Vorentwurf und Entwurf. Aus diesen Listen können Sie entnehmen, mit welchen Themen Sie sich wann beschäftigen werden und welche Entscheidungen Sie in welchen Planungsphasen treffen müssen.

1 **Grundlagenermittlung (Recherchen zu Grundstück, Baurecht et cetera):** In dieser ersten Phase des Planungsprozesses wertet Ihr Architekt oder Hausanbieter die Vorstellungen und Wünsche aus, die Sie in den ersten Gesprächen genannt haben – insbesondere Ihre Bedarfsermittlung –, und befasst sich mit den Vorgaben, die aus den Gegeben-

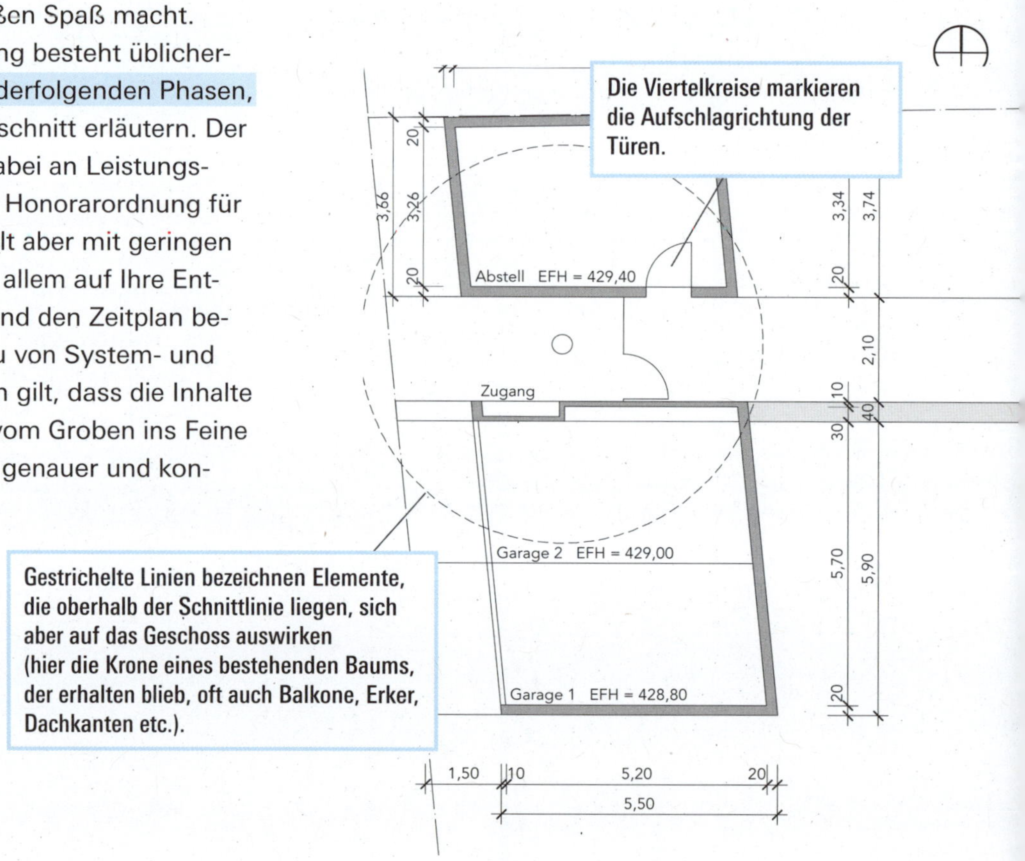

heiten des Grundstücks resultieren. Es ist sinnvoll, dass Bauherrschaft und Planungsteam vor Beginn der eigentlichen Planungsarbeit ausführlich gemeinsam das Grundstück begehen, um sich über dessen Eigenschaften klar zu werden. Auch müssen Sie schon jetzt darüber nachdenken und sich beraten lassen, welche Fachleute Sie neben dem ausgewählten federführenden Planer für die weitere Arbeit an der Planung benötigen.

→ S. 117

2 Vorentwurf 1:200 in Varianten: Das Ziel der Vorentwurfsplanung liegt darin, aus den von Ihnen formulierten Anforderungen, den Rahmenbedingungen des Grundstücks und den Gedanken der Planerin oder des Planers räumliche Antworten auf die gestellte Aufgabe zu formulieren. In diesem Schritt kommt die von Ihnen zuvor erstellte und Bedarfsermittlung zum Einsatz und wird zu einem konkreten Raumprogramm weiterentwickelt. Dessen Umsetzung in erste Grundrisse und Schnitte mündet üblicherweise in mehrere Varianten, um Ihnen verschiedene Lösungen zu präsentieren, deren Vor- und Nachteile Sie gemeinsam mit dem Planer vergleichen und bewerten können. Im Maßstab 1:200 können viele Themen allerdings nur vorgedacht und noch nicht wirklich bearbeitet werden. Wenn aus den vorgelegten Varianten ein Vorentwurf ausgewählt ist, wird dieser im größeren Maßstab als Entwurf genauer ausgearbeitet.

3 Entwurf 1:100 für ausgewählte Vorentwurfsvariante: Die Entwurfsplanung erfolgt im größeren Maßstab 1:100, der erheblich genauere Aussagen zu den Abmessungen der Räume und den Dimensionen der Bauteile (zum Beispiel Wandstärken) zulässt und es auch der Bauherrschaft möglich macht, die im Folgenden (Seite 37) beschriebenen Prü-

Die genaue Lage der Schnitte wird in den Grundrissen in Form einer Schnittlinie dargestellt (hier als strich-punktierte Linie erkennbar). Die Pfeile an den Enden der Linie definieren die Blickrichtung des Schnitts.

Fertiger Entwurfsplan mit Vermaßung, im Original im Maßstab 1:100

Die Pfeile markieren jeweils das obere Ende des Treppenlaufs.

Die Maßketten werden üblicherweise von außen nach innen angeordnet (Gesamtmaße des Baukörpers außen) und nach räumlich zusammenhängenden Elementen gruppiert.

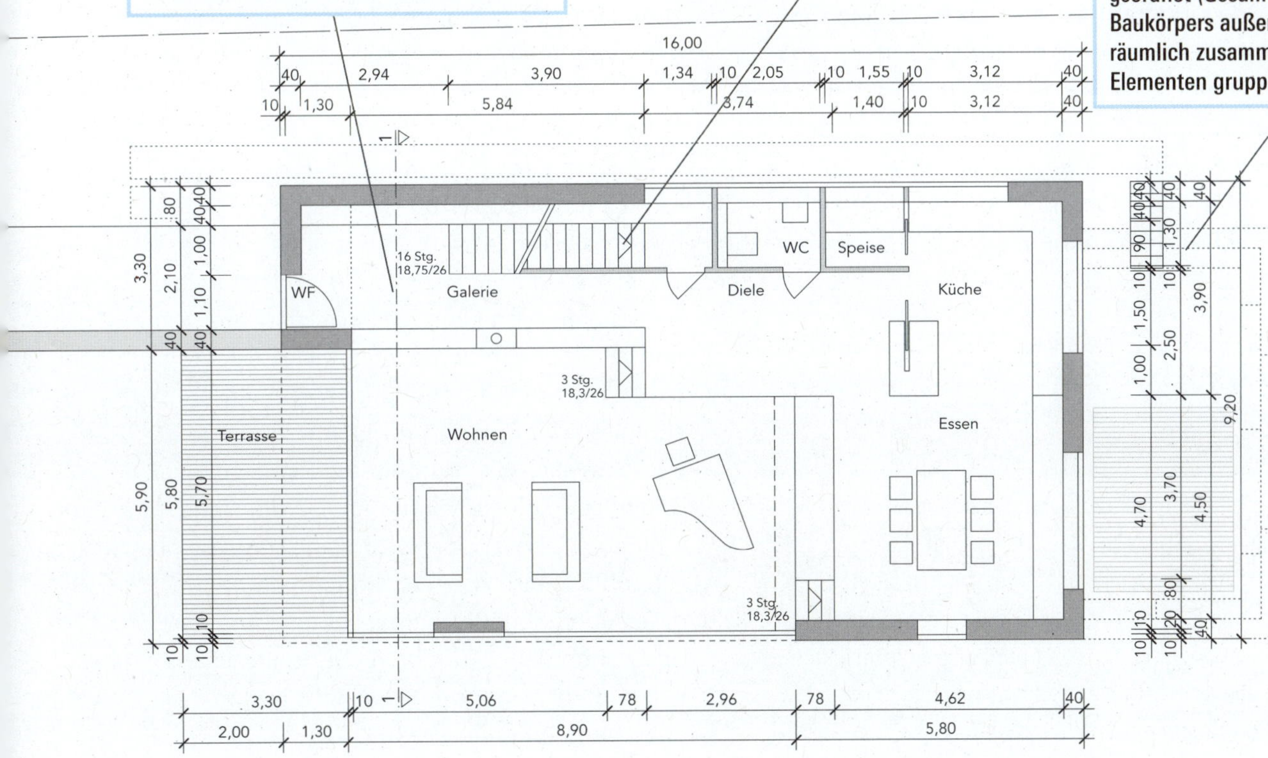

fungsschritte vorzunehmen. Dieser Planungsschritt ist bereits so konkret, dass über die Umsetzung des Raumprogramms hinaus auch schon das von Ihnen geschriebene Drehbuch (siehe Seite 16) dabei eine wichtige Rolle spielen und die genaue Ausformung der Räume bestimmen sollte. In der Entwurfsplanung werden nur noch einzelne Punkte und Bereiche des Hauses in Varianten geprüft, das Grundkonzept muss schon vorher stehen und verbindlich ausgewählt sein.

4 **Bauantrag 1:100 aus fertigem Entwurf:** Der planerische Schritt von der Entwurfsplanung in die Genehmigungsplanung ist nicht groß – es müssen nur die fertigen Entwurfspläne „vermaßt" (das heißt mit vollständigen Angaben zu den Abmessungen aller Räume und Bauteile versehen) werden. Zudem sind einige zusätzliche Unterlagen zu besorgen und Formulare auszufüllen. Schließlich dürfen Sie neben anderen Formularen den Bauantrag (und, je nach gültiger Landesbauordnung und der Vorliebe Ihres Planers, auch sämtliche einzureichenden Pläne) unterschreiben, danach werden alle erforderlichen Unterlagen zusammengestellt und bei der zuständigen Behörde eingereicht. Diese darf sich nach aktueller Rechtslage drei Monate Zeit lassen, bis sie Ihnen eine Baugenehmigung erteilt, muss sich aber im Fall von Bedenken (oder wenn sie die Unterlagen für unvollständig hält) schneller zurückmelden, damit Sie sich darum kümmern können.

Info: Erforderliche Unterlagen zum Bauantrag

- Unterschriebener Antrag auf Baugenehmigung
- Lageplan auf Grundlage des Liegenschaftskatasters
- Baubeschreibung mit Angaben zu Materialien, Konstruktionen, brandschutztechnischen Eigenschaften etc.
- Planzeichnungen (sämtliche Grundrisse und Ansichten sowie alle zum Verständnis notwendigen Schnitte)
- Angaben zu feuerungstechnischen Anlagen
- Angaben zur Entwässerung von Gebäude und Grundstück
- Berechnung der Wohn- und Nutzflächen sowie des Gebäudevolumens
- Statistischer Erhebungsbogen für die Baustatistik des Bundeslandes

Da die Bauordnung Ländersache ist, sind die genauen Anforderungen abhängig davon, in welchem Bundesland Ihr Haus gebaut werden soll. Erkundigen Sie sich daher auf jeden Fall bei Ihrem Planer und der zuständigen Baurechtsbehörde nach den geltenden Regeln.

5 **Ausführungsplanung 1:50 und größer (Details):** Der finale Schritt zur Umsetzung Ihres Bauvorhabens ist die Ausführungsplanung. Dafür werden zunächst die Pläne vom Stand Bauantrag (vermaßte Entwurfsplanung) in den erneut größeren Maßstab 1:50 übertragen, das Ergebnis ist die sogenannte Rohwerkplanung, auf deren Grundlage die meisten Rohbaugewerke bereits arbeiten können. Aus diesem Planstand werden dann einzelne Details in noch größeren Maßstäben (von 1:20 bis 1:5, in seltenen Fällen bis hin zum Maßstab 1:1) aufgezeichnet, um die Umsetzung komplexer Konstruktionen und gestalterisch wichtiger Punkte möglichst präzise vorzugeben. Dieser Planungsschritt ist sehr zeitaufwendig und erfolgt häufig schon parallel zur Laufzeit des Bauantrags, um diesen Zeitraum sinnvoll zu nutzen.

An diesem letzten Schritt des Planungsvorgangs sind Sie als Bauherr zwar mit vielen Entscheidungen (zum Beispiel zu Materialien und Oberflächen) intensiv beteiligt – allerdings wird es mit dem zunehmenden Fortschreiten der Planung für Laien immer anspruchsvoller, die erarbeiteten Pläne zu lesen und vollständig zu verstehen. Da die Handwerksbetriebe auf der Grundlage der Ausführungspläne ihre Arbeit erledigen, enthalten diese überwiegend technische Informationen und sehen daher für Laien eher unübersichtlich aus. Im folgenden Abschnitt finden Sie dazu nähere Erklärungen.

PLÄNE LESEN: WAS MUSS ICH ALS BAUHERR WISSEN?

Die wichtigsten Pläne für die Planung eines Hauses sind zweifellos die Grundrisse. Dabei handelt es sich gewissermaßen um horizontale Schnittzeichnungen durch jedes Geschoss Ihres künftigen Hauses. Sie zeigen die Verteilung der Räume im Haus, deren Bezüge untereinander und zum Garten, die Lage und Ausformung des Zugangs und der inneren Erschließung (meist der Treppe). Neben diesen Aspekten liefern Ihnen maßstäblich aufgezeichnete Grundrisse eine gute Grundlage für die Prüfung vieler wichtiger Sachverhalte. Sehen Sie sich also die Ihnen vorgelegten Grundrisse genau an und stellen Sie sicher, dass diese Ihren Vorstellungen entsprechen:

- Entsprechen die Lage des Eingangs, der Treppe sowie der Flure und sonstigen Erschließungsräume den von Ihnen in Bedarfsermittlung, Drehbuch und Planungsgesprächen formulierten Wünschen und weisen ausreichende, aber nicht übertriebene Größen auf?
- Entsprechen die Positionen und Abmessungen der Räume den geäußerten Wünschen und dem, was in den Planungsgesprächen vereinbart wurde?
- Sind alle Bereiche gut und effizient nutzbar? Haben alle Flächen eine nachvollziehbare Nutzung?
- Eignen sich die Räume für eine sinnvolle Möblierung? Sind ausreichend Stellwände für Möbel und Stauräume vorhanden? Passen die für eine Weiterverwendung vorgesehenen Möbel an die vorgesehenen Standorte?
- Sitzen Türen und Fenster an sinnvollen Stellen? Öffnen sich die Türen (und auch die Fensterflügel) in die aus der Sicht des Raumes richtige Richtung?
- Erfüllen der Zugang und die innere Erschließung die an die Barrierefreiheit des Hauses gestellten Anforderungen?
- Liegen die Sanitärräume in möglichst wenigen Bereichen beieinander, in mehrgeschossigen Häusern übereinander?

Die Kerninhalte der Schnittzeichnungen sind die Höhenverhältnisse im Haus, die Gesamthöhe des Hauses, die Höhen der verschiedenen Innenräume sowie die Geometrie und Ausnutzung des Daches. Die wichtigsten Informationen zu üblichen Dachformen finden Sie im folgenden Kapitel „Ausführungsplanung" ab Seite 64.

Ein Schnitt gibt Ihnen die Möglichkeit, diese Punkte in der Planung zu überprüfen. Darüber hinaus finden Sie darin Angaben zur Höhenlage des Hauses im Grundstück und zu den Anschlüssen ans Gelände. Sofern Sie nicht den Bau eines Modells für Ihr künftiges Haus beauftragt haben, können Sie nur in den Schnitten prüfen, ob der Zugang zum Haus und der Übergang aus verschiedenen Räumen in den Garten funktionieren.

Im Gegensatz zu den in den Schnitten enthaltenen konkreten Informationen finden sich in den Ansichtszeichnungen (Aufrisse) überwiegend Aussagen zum Erscheinungsbild des Hauses. Mithilfe der Ansichten können Sie prüfen, ob Sie mit der äußeren Gestalt des geplanten Hauses zufrieden sind. Wenn Ihr Planer das Haus dreidimensional in den Computer eingegeben hat, kann er Ihnen auch räumliche Darstellungen (zum Beispiel über Eck) ausgeben, auf denen Sie sich das Haus vielleicht besser vorstellen können als auf einem orthogonalen Aufriss. Erst in den Ausführungsplänen finden sich dann auch prüfbare Inhalte wie zum Beispiel die Öffnungsrichtungen der Fenster, die mit der vorgesehenen Möblierung der Räume, wie sie in den Grundrissen dargestellt ist, zusammenpassen müssen.

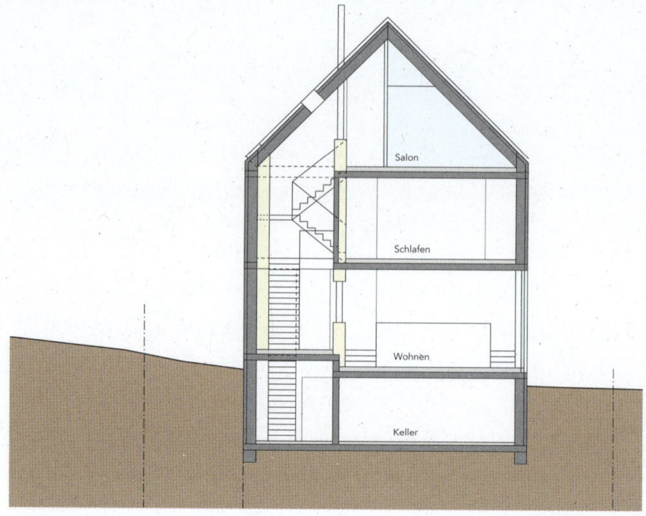

Schnitte
Die senkrecht gesetzten Schnitte enthalten Angaben zur vertikalen Struktur des Hauses und zu dessen Höhenentwicklung. Darin sind üblicherweise auch die Treppen zwischen den Geschossen dargestellt.

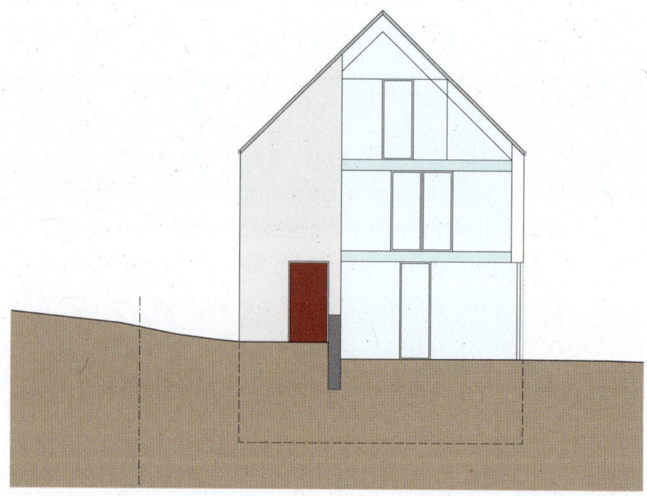

Ansichten
Die Ansichten zeigen die Fassaden des Hauses von außen in senkrechter Projektion (Blickrichtung senkrecht zur dargestellten Hauswand). Da die Garagen im Verhältnis zum Hauptgebäude leicht schräg stehen, ist deren Westseite in der Projektion unten teilweise zu sehen.

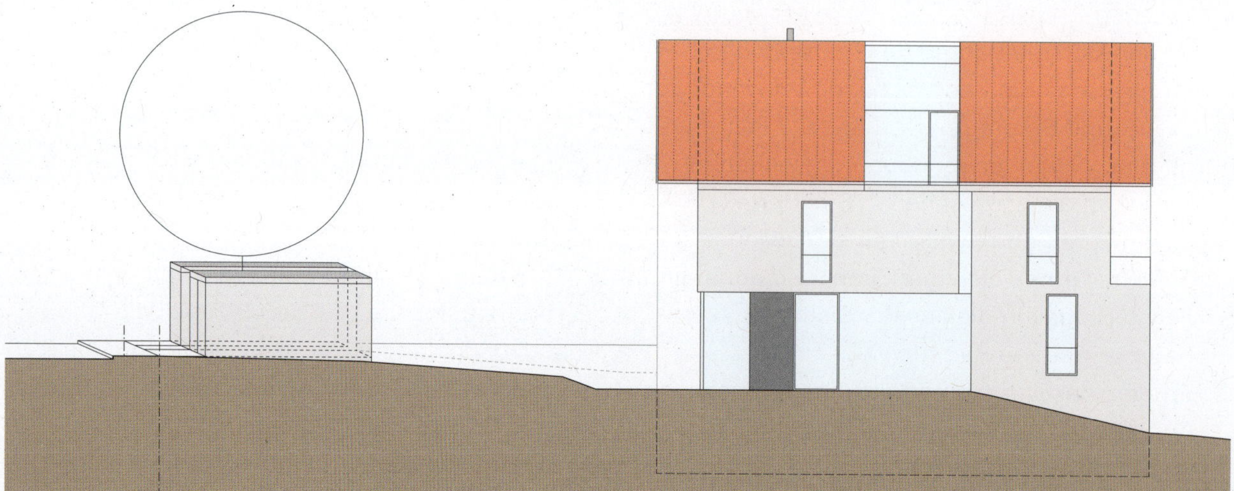

Grundrisse
Die Grundrisse sind gewissermaßen horizontale Schnitte durch das Gebäude parallel zu den Geschossdecken. Sie werden üblicherweise in einem Meter Höhe über dem Fußboden des dargestellten Geschosses geschnitten.

Bei geneigten Dächern ist aufgrund der Höhe der Schnittlinie oft auf der Traufseite ein Teil des Daches in der Aufsicht zu sehen, daran angrenzend ist die Dachhaut geschnitten dargestellt.

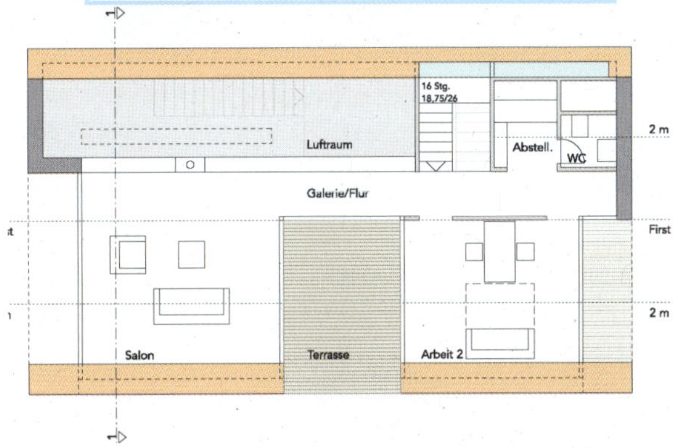

In allen Grundrissen werden die Treppen in das jeweils darunter liegende Geschoss in normalen Linien dargestellt, Treppen in darüber liegende Geschosse hingegen in gestrichelten Linien (häufig werden auch die Treppenläufe durch schräge Linien geschnitten).

Die genaue Lage der Schnitte wird in den Grundrissen in Form einer Schnittlinie dargestellt (hier als strich-punktierte Linie erkennbar). Die Pfeile an den Enden der Linie definieren die Blickrichtung des Schnitts.

Im Erdgeschossgrundriss (ganz unten) wird üblicherweise das ganze Grundstück einschließlich von Nebenanlagen wie Garagen, Schuppen etc. dargestellt und auch die Wegeführung und Nutzungsverteilung im Garten definiert.

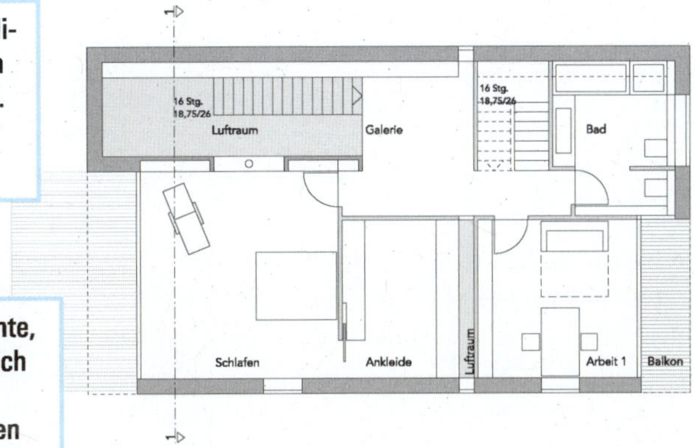

Gestrichelte Linien bezeichnen Elemente, die oberhalb der Schnittlinie liegen, sich aber auf das Geschoss auswirken (hier die Außenkante des auskragenden Daches, oft auch Balkone, Erker etc.).

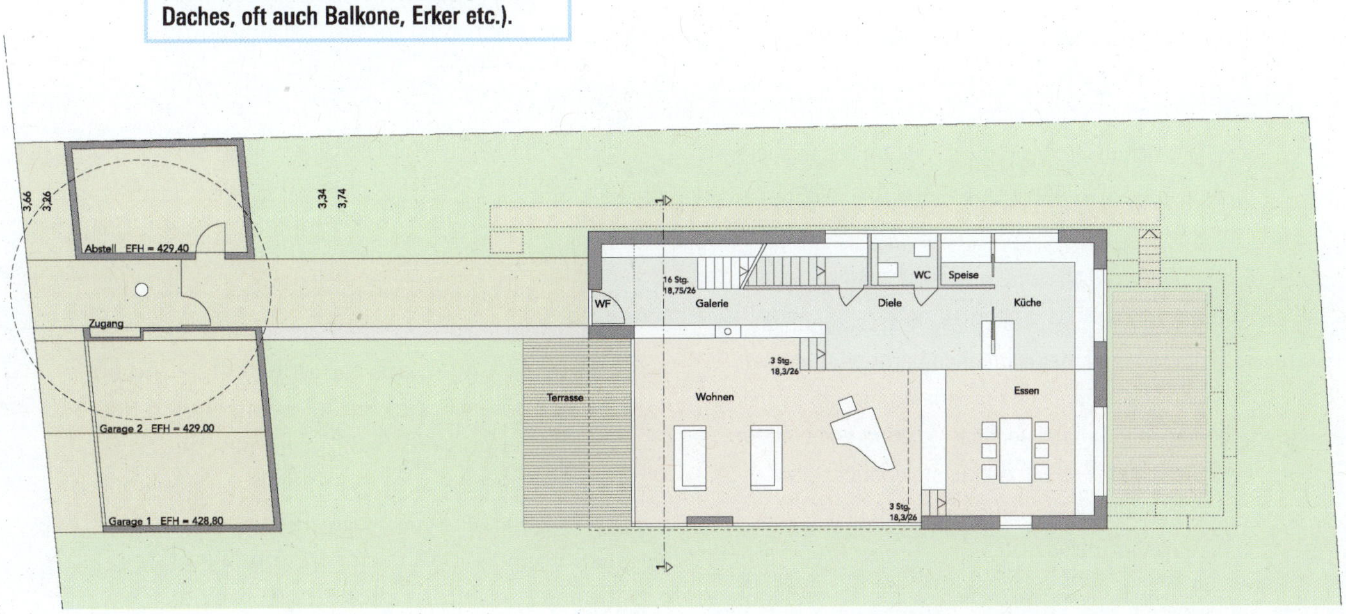

KOSTENPLANUNG

Bauen Sie mit einem Architekten, muss Ihnen klar sein, dass die Kosten nicht von Anfang an feststehen, da der Architekt Ihnen keine Festpreise anbieten, sondern nur auf Grundlage seiner Erfahrungen die zu erwartenden Kosten ermitteln kann. Die Schätzung und die Berechnung der Baukosten durch den Architekten erfolgen parallel zur schrittweisen Ausarbeitung der räumlichen und technischen Planung und können daher immer nur den vorliegenden Planungsstand abbilden. Dies müssen Sie bei Ihrer Budgetplanung berücksichtigen und einen gewissen finanziellen Puffer einplanen. Parallel zur Konkretisierung der Entwürfe können auch die Kostenannahmen Schritt für Schritt immer genauer berechnet und dargestellt, der Puffer entsprechend reduziert werden.

Im Folgenden zeigen wir am Beispiel eines individuell geplanten Hauses, wie der Prozess der Kostenplanung ablaufen sollte.

Welche Planer für welche Kostengruppe?

► **300 Bauwerk – Baukonstruktionen**
Darin sind alle Gewerke enthalten, die zum Bau des Hauses erforderlich sind – und zwar Rohbau und Ausbau. Planerisch zuständig und somit Ihr Ansprechpartner in allen Belangen, die diese Gewerke betreffen, ist der Architekt. Hier nicht enthalten sind die gebäudetechnischen Gewerke, die in KG 400 auftauchen.

► **400 Bauwerk – Technische Anlagen**
Hier findet man die gebäudetechnischen Gewerke wie Sanitär-, Heizungs- und Lüftungsinstallation sowie die elektrische Anlage. Zuständiger Ansprechpartner ist der planende Fachingenieur oder – sofern ein solcher nicht beauftragt wird – der ausführende Handwerksbetrieb.

► **500 Außenanlagen und Freiflächen**
Diese KG enthält die Gestaltung des Vorbereichs, der Zufahrt und des Zugangs sowie des Gartens, insbesondere die Anlage der Wege sowie die dort verbauten technischen Anlagen. Zuständiger Ansprechpartner ist der planende Landschaftsarchitekt oder – sofern ein solcher nicht beauftragt wird – der Architekt oder der ausführende Handwerksbetrieb.

► **600 Ausstattung und Kunstwerke**

► **700 Nebenkosten** Diese Kostengruppe fasst die Honorare der planenden Berufe – Architekt und Fachingenieure für Vermessung, Tragwerksplanung, Gebäudetechnik et cetera und weiterer Gutachter, zum Beispiel Energieberater, sowie die Gebühren für Genehmigungen und Ähnliches zusammen.

Kostenschätzung zum Vorentwurf

Der Vorentwurf wird parallel in mehreren Varianten entwickelt und ist daher üblicherweise noch ungenau. Daher verbleiben viele kostenrelevante Themen ungeklärt, was im Maßstab 1:200 gar nicht zu vermeiden ist. Die Prognose von Kosten ist in diesem Stadium noch recht unscharf.

Die zugehörige Stufe der Kostenermittlung wird als Kostenschätzung bezeichnet und üblicherweise auf Grundlage von Erfahrungswerten für die Kosten von Wohn- und Nutzfläche (in Quadratmetern) oder Rauminhalt (in Kubikmetern) des Hauses erstellt. Dafür bedient sich der Planer entweder eigener Erfahrungen aus fertiggestellten und abgerechneten Projekten (die hinsichtlich des Bautypus und der Größe mit dem neuen Projekt möglichst direkt vergleichbar sein sollten) oder fremder Daten zum Beispiel aus den Dokumentationen oder Datenbanken des Baukosten-Informationszentrums der deutschen Architektenkammern. Es liegt auf der Hand, dass auf dem Gebiet der Kostenplanung eine möglichst breite Erfahrung des Planers wünschenswert ist und die Verlässlichkeit der Kostenschätzung erhöht.

Kostenberechnung zum Entwurf

Nachdem die Planung vom Vorentwurf zum Entwurf konkretisiert wurde, entsteht ein erheblich genaueres Dokument: die Kostenberechnung. Diese unterscheidet sich sehr grundsätzlich von der Kostenschätzung insofern, als sie nicht mehr nach groben, auf das ganze Haus bezogenen Parametern wie Nutzfläche oder Rauminhalt ermittelt wird, sondern bereits recht genau die verschiedenen Bauteile, Bauelemente und Materialien auflistet, aus denen das Haus zusammengesetzt sein soll.

Dementsprechend müssen zur Erstellung einer Kostenberechnung schon viele Dinge geklärt sein, insbesondere Konstruktionsweisen, Aufbauten der verschiedenen Bauteile und die Materialien, die später als Oberflächen sichtbar sein sollen. Zusätzlich müssen die Standards der technischen Ausstattung des Hauses definiert sein, vor allem hinsichtlich der besonders kostenrelevanten Installationen der Leitungssysteme für Wasser, Heizung, Lüftung, Strom und Medien.

Wenn die Kostenberechnung als selbstrechnende Tabelle (Rechenblatt) erstellt wird, ist sie ein sehr nützliches Dokument insofern, als sich der Effekt einer jeden noch so kleinen Planungsänderung (zum Beispiel die Auswahl eines anderen Bodenbelags) auf die Gesamtkosten unmittelbar verfolgen lässt. So lassen sich Prioritäten festlegen und Entscheidungen sachlich „unterfüttern".

Umstritten ist die Frage, ob die Einheitspreise und Zwischensummen in der Kostenberechnung mit oder ohne Mehrwertsteuer (brutto oder netto) ausgewiesen werden sollen. Brutto bietet den Vorteil, dass Endverbraucher die Preise besser „einordnen" und mit den Kosten ihres Alltags vergleichen können. Netto erleichtert dem Planer die langfristige Verfolgung von Erfahrungswerten über die Änderungen des Mehrwertsteuersatzes hinaus. Letztlich müssen Sie diese Frage mit Ihrem Planer diskutieren und entscheiden.

Die nächste Stufe der Kostensicherheit liefert erst der Kostenanschlag, der nach erfolgter Ausschreibung aus den real vorliegenden Angebotspreisen ermittelt wird. Die Ausschreibung erfolgt üblicherweise erst nach Fertigstellung der Ausführungsplanung auf Grundlage der dabei entstandenen Unterlagen. Es ist daher in der Planungsphase eines individuell geplanten Hauses nicht möglich, vollständige Kostensicherheit zu erreichen. Umso wichtiger ist es, dass Sie mit einem Planer zusammenarbeiten, der ausreichend Erfahrung im Bau von Einfamilienhäusern vorweisen kann und gute Kontakte zu Handwerksbetrieben pflegt – dies sollte eines der wichtigsten Kriterien für dessen Auswahl sein. In jedem Fall sollten zum Zeitpunkt des Baubeginns möglichst viele, vor allem aber die kostenintensiven Gewerke ausgeschrieben und vergeben sein (welche dies sind, können Sie der Kostenberechnung entnehmen). Für diese Gewerke sollten Angebote mit verbindlichen Preisen vorliegen.

Anders liegen die Dinge, wenn Sie ein Fertighaus oder Typenhaus bauen oder vom Bauträger kaufen, das zum Festpreis angeboten wird. Dabei müssen Sie entsprechend früh die für dessen Kalkulation erforderlichen Entscheidungen über Materialien, Oberflächen und Ausstattung treffen – spätere Abweichungen vom vertraglich vereinbarten Standard werden üblicherweise teuer. Es ist daher in diesem Fall besonders wichtig, bei unvermeidbaren Änderungen nach Vertragsschluss die finanziellen Folgen umgehend zu verhandeln und die Gesamtkosten stets im Blick zu behalten.

In diesen Spalten müssen alle Bauteile, Bauelemente und Oberflächen (mit ergänzenden Informationen zu Material, Konstruktion etc.) auftauchen, aus denen das Haus einmal bestehen wird. Sie stellen eine Verbindung mit der Baubeschreibung dar.

Diese vier Spalten bilden das Herz der Kostenberechnung: Aus der auf Grundlage der Entwurfsplanung erstellten Mengenermittlung, multipliziert mit den angenommenen Einheitspreisen (die aus Erfahrungswerten stammen oder aus Datenbanken recherchiert werden), ergeben sich die wichtigen Kostenangaben.

HAUS MUSTERMANN IN MUSTERSTADT
KOSTENBERECHNUNG
MUSTER + PARTNER Architekten

	GEWERK/ Position	Information	Menge	Einheit	Einheitspreis
324	FLIESEN-/PLATTENARBEITEN				
	Bodenfliesen	Format 20/20	27	qm	50,00 EUR
	Wandfliesen	Format 20/20	30	qm	50,00 EUR
	Sockelfliesen		20	m	20,00 EUR
	Stundenlohnarbeiten		10	Std.	40,00 EUR
327	SCHREINERARBEITEN				
	Innensimsen	auf Brüstungen	30	m	60,00 EUR
	Haustürelement Haupteingang	Klimaklasse 4	1	Stück	3.000,00 EUR
	Zimmertüren	Röhrenspankern	8	Stück	300,00 EUR
	Stundenlohnarbeiten		10	Std.	40,00 EUR
331	SCHLOSSERARBEITEN				
	Innengeländer Treppen	Metall-Stäbe	20	m	200,00 EUR
	Reinstreifermatte Windfang	Sisalmatte	2	qm	100,00 EUR
	Briefkasten-/Klingelelement	Fabrikat Muster	1	Stück	500,00 EUR
	Schließanlage	Fabrikat Muster	1	Stück	300,00 EUR
	Stundenlohnarbeiten		10	Std.	40,00 EUR
334	MALERARBEITEN				
	Wände Malervlies		220	qm	4,50 EUR
	Wände und Decken streichen		285	qm	5,00 EUR
	GK-Verkleidungen streichen	Dachschrägen	105	qm	4,00 EUR
	Metallteile streichen	Innengeländer	20	m	6,00 EUR
	Anschlussfugen		300	lfm	1,50 EUR
	Beschichtung Kellerböden	Spezialfarbe	50	qm	5,00 EUR
	Stundenlohnarbeiten		20	Std.	40,00 EUR
336	BODENBELAGSARBEITEN				
	Bodenbeläge	Linoleum	125	qm	40,00 EUR
	Sockelleisten		95	m	10,00 EUR
	Stundenlohnarbeiten		10	Std.	40,00 EUR
	SUMME BAUKONSTRUKTION				

In dieser Spalte werden genauere Angaben zum Bauteil sowie Besonderheiten der Anordnung und Ausführung eingetragen.

Preis	Summe	Summe Kostengr.	Bemerkungen
.350,00 EUR			rutschhemmend, incl. Abdichtung
.500,00 EUR			Küche Streifen 60 cm, Bäder
400,00 EUR			
400,00 EUR			nur bei Bedarf
	3.650,00 EUR		
.800,00 EUR			Holzwerkstoff, deckend lackiert
.000,00 EUR			Holzwerkstoff, deckend lackiert
.400,00 EUR			Röhrenspankern-Türen
400,00 EUR			nur bei Bedarf
	7.600,00 EUR		
.000,00 EUR			
200,00 EUR			nicht eingeklebt zwecks Austausch
500,00 EUR			frei stehend neben Eingangstür
300,00 EUR			
400,00 EUR			nur bei Bedarf
	5.400,00 EUR		
990,00 EUR			
.425,00 EUR			evtl. Eigenleistung
420,00 EUR			evtl. Eigenleistung
120,00 EUR			
450,00 EUR			
250,00 EUR			evtl. Eigenleistung
800,00 EUR			
	4.455,00 EUR		
.000,00 EUR			Material und Verlegung
950,00 EUR			evtl. Eigenleistung
400,00 EUR			nur bei Bedarf
	6.350,00 EUR		
		241.745,00 EUR	

ZEITPLANUNG

Eine wichtige Empfehlung gleich zu Beginn: Lassen Sie nach den bereits erledigten Aufgaben (Grundstückssuche und Bedarfsermittlung) sich selbst und Ihren Beraterinnen und Beratern ausreichend Zeit für die eigentliche Planung. Vor allem sollten Sie sich selbst nicht unter Druck setzen, damit Sie keine vorschnellen Entscheidungen treffen, die sich später als Fehler herausstellen. Denken Sie daran: Die Planung Ihres Hauses bestimmt das Ergebnis der vielleicht größten Investition Ihres Lebens – da sollten Sie die wichtigen Schritte nicht unter Zeitdruck gehen. Die meisten Bauherren unterschätzen die Dauer dieser Findungs- und Planungsprozesse deutlich!
In Abhängigkeit davon, ob Ihre Vorstellungen vom neuen Haus dem allgemein Üblichen entsprechen oder davon stark abweichen, kann vom zweiten Planungsgespräch (nach endgültiger Auswahl der Planerin beziehungsweise des Planers) bis zur Einreichung des Bauantrags durchaus ein halbes bis ganzes Jahr vergehen.

Die Dauer des Planungsprozesses hängt dabei ganz entscheidend von Ihrem Verhalten als Auftraggeber ab: Je schneller Sie auf Grundlage der in der Bedarfsermittlung angelegten Anforderungen die im folgenden Kapitel dargelegten Themen abarbeiten und die erforderlichen Entscheidungen treffen, desto schneller geht der Planungsprozess voran. Wie schnell dann Ihre Berater und Beraterinnen die Ergebnisse der geführten Planungsgespräche in einen jeweils neuen Planstand umsetzen, hängt nicht zuletzt vom Stand der Baukonjunktur ab, der sich auf die Arbeitsbelastung der Branche auswirkt.

Dauer von Genehmigungsprozessen

Auch Genehmigungsprozesse dauern ihre Zeit – selbst dann, wenn die zuständigen Behörden personell gut besetzt sind. Dies hat seine Gründe vor allem in den vielfältigen Anforderungen an das Verfahren der Genehmigung, zum Beispiel der Anhörung der Nachbarn (genauer gesagt: der Eigentümerinnen und Eigentümer der direkt angrenzenden Grundstücke), die im Baugesetzbuch und den Landesbauordnungen festgeschrieben sind. In der Regel soll ein Genehmigungsverfahren innerhalb von zwei Monaten abgeschlossen sein, erfahrungsgemäß dauert es aber spürbar länger, weil die Behörden beispielsweise zusätzliche Unterlagen anfordern, das Einverständnis der Gemeinde einholen müssen, auf deren Gemarkung das Grundstück liegt, und je nach der konkreten Situation zahlreiche weitere Punkte zu klären sind.

Man sollte daher nach Einreichung der Antragsunterlagen reichlich Zeit einplanen, bis die Genehmigung vorliegt und Sie das Bauvorhaben weitertreiben können – wir empfehlen mindestens vier Monate, besser noch ein halbes Jahr. Fragen Sie im Vorfeld bei der zuständigen Genehmigungsbehörde nach der für den Ort des Bauvorhabens üblichen Verfahrensdauer und sprechen Sie mit Ihrer Planerin über deren Erfahrungen. Achten Sie vor allem darauf, dass die Antragsunterlagen zum Zeitpunkt der Einreichung möglichst vollständig sind, denn jedes Nachhaken der Behörde kostet Zeit und verzögert die Bearbeitung des Antrags (auch wenn manche Landesbauordnung – beispielsweise die des Landes Nordrhein-Westfalen – den Behörden eine knappe Frist setzt, in der sie die Vollständigkeit der Unterlagen prüfen müssen).

Wenn das Bauvorhaben in seinen wesentlichen Punkten dem gültigen Bebauungsplan entspricht und im Vorfeld mit der Baurechtsbehörde und möglichst auch den betroffenen Nachbarn abgestimmt wurde, kann es sinnvoll sein, die Dauer des Genehmigungsprozesses zu nutzen, um bereits an der Ausführungsplanung und gegebenenfalls an den Ausschreibungen für die einzelnen Gewerke zu arbeiten. Dabei müssen Sie sich allerdings bewusst sein, dass dies auf eigenes Risiko geschieht: Wird die Genehmigung versagt, müssen die Pläne möglicherweise grundlegend geändert werden, und die weitere Arbeit war umsonst.

Sie sollten aber keinesfalls Bauleistungen vergeben, also Bauverträge mit ausführenden Firmen unterschreiben, bevor die Baugenehmigung vorliegt – damit würden Sie erhebliche finanzielle Verpflichtungen eingehen unter einer Voraussetzung, die Sie nicht unter Kontrolle haben.

BAUZEITENPLAN HAUS MUSTER IN MUSTERSTADT (Baden-Württemberg)
MUSTERPARTNER Architekten, Musterstadt

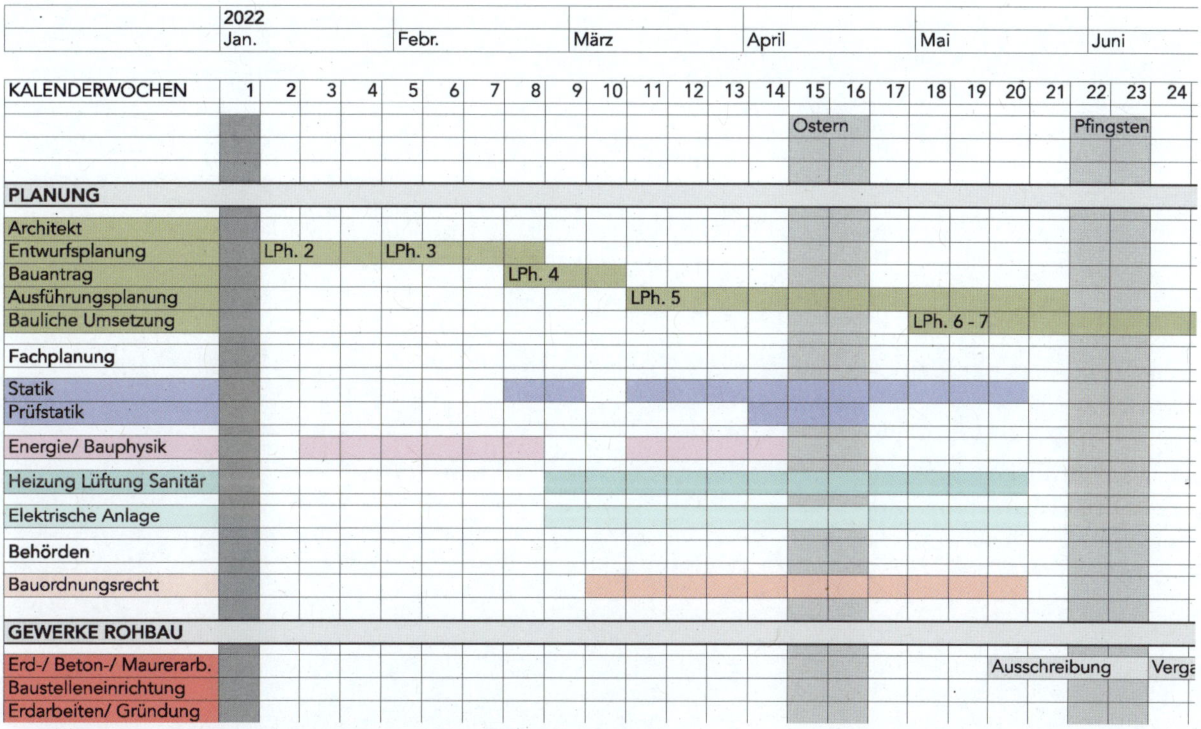

Als Vorlauf für den später zu erstellenden Bauzeitplan kann bereits für die Planungsphase ein Zeitplan erstellt werden. Dieser zeigt, wer zu welchem Zeitpunkt an Ihrem Projekt arbeiten muss, um bestimmte „Meilensteine" (wie die Einreichung des Bauantrags und später den Baubeginn) zum vorgesehenen Zeitpunkt zu erreichen. Dieser Ablaufplan macht auch deutlich, dass viele Fachleute rechtzeitig gesucht und beauftragt werden müssen, damit sie ausreichend Zeit für ihre Aufgaben haben und der federführende Architekt oder die Planerin dann auf ihre Arbeitsergebnisse zugreifen kann, wenn er oder sie diese für ihre Arbeit brauchen.

ENTWURFSPLANUNG

Sie haben Ihren Bedarf und Ihre Wünsche formuliert und sich mit dem Ablauf der Planung vertraut gemacht. Jetzt beginnt die eigentliche Arbeit am Entwurf, in der Sie zusammen mit Ihrem Planer oder Ihrer Planerin das so entwickelte Programm in einen Plan umsetzen, der dann auf Ihrem Grundstück zu gebauter Wirklichkeit werden kann. Nutzen Sie die Protokolle im Anhang, um die Ergebnisse Ihrer Programmentwicklung und Bedarfsermittlung in die Entwurfsplanung zu übernehmen und so kontinuierlich zu überprüfen, ob Ihre gestellten Anforderungen im Entwurf des Hauses erfüllt und Ihre Wünsche umgesetzt sind.

DIE TOPOGRAFIE

Die physische Beschaffenheit des Bauplatzes ist die erste wichtige Rahmenbedingung, die sich auf die Planung auswirken wird. Sein geometrischer Zuschnitt, seine Ausrichtung, besonders aber auch die Höhenverhältnisse und die Neigung des Geländes sind wichtige Faktoren beim Entwurf des Hauses. Wie gut Ihre Planerin oder Ihr Hausanbieter mit diesen Gegebenheiten umgehen, sie in ihren Entwurf einbeziehen und mit Ihren bis hierher definierten Bedürfnissen in Übereinstimmung bringen können, bestimmt die Qualität des Ergebnisses.

Zunächst einmal ist es relativ einfach, ein Haus für ein ebenes Grundstück zu entwerfen und zu planen – insbesondere dann, wenn die Anforderungen an Barrierefreiheit (siehe Seite 62) erfüllt werden sollen. Hinzu kommen die bautechnischen und logistischen Vorteile des Bauens auf ebenem Gelände: die Zufahrt zur Baustelle, die Aufstellung des Krans und Lagerung des Aushubs sind dort einfacher möglich als auf hängigem Gelände. Dies gilt insbesondere dann, wenn Sie ein Fertighaus aus dem Katalog bestellen wollen, das auf einem vor Ort erstellten Keller aufgesetzt wird.

Dennoch sind Hanggrundstücke sehr beliebt. Die Gründe dafür liegen einerseits darin, dass man am Hang oft ein gewisses Maß an Aussicht genießen kann, da zumindest eines der Nachbarhäuser tiefer gelegen ist als das eigene Haus, man somit darüber hinweg oder zumindest daran vorbeischauen kann. Zudem ist es bei geschickter Aufteilung möglich, aus mehreren Ebenen direkt aufs Gelände und somit in den Garten treten zu können: Dies kann einerseits die Nutzbarkeit des Gartens verbessern, andererseits ist es dadurch möglich, mehrere Zugänge von außen zu schaffen, was die Aufteilbarkeit des Hauses in mehrere Wohneinheiten erleichtert. Auch wenn die Barrierefreiheit eines Hauses am Hang schwieriger zu erreichen ist, ergeben sich durch die Hanglage möglicherweise zusätzliche Optionen für eine flexible Nutzung des Hauses über die Jahre (siehe Seite 57 und Seite 62).

Auch im Hinblick auf die Gestaltung der Freianlagen stellen Hanggrundstücke höhere Anforderungen an Planung und Ausführung. Während Vegetationsflächen wie Wiesen und Beete geneigt sein können, sollten sich Aufenthaltsbereiche wie Terrassen, Grill- oder Spielplätze auf ebenem Gelände befinden. Dies erfordert entweder eine sehr präzise topografische Planung, die vorhandene ebene Bereiche optimal ausnutzt, oder die Anlage von Stützmauern, die Abgrabungen und Aufschüttungen abgrenzen und absichern. Aber Vorsicht: In manchen Bebauungsplänen sind derartigen Veränderungen des gewachsenen Geländes Grenzen gesetzt, zum Beispiel durch maximale Höhen der Abgrabungen und Aufschüttungen.

Position und Orientierung

Die ersten zentralen Setzungen im Entwurfsprozess legen die Position des Hauses im Grundstück und die Orientierung der Wohnbereiche im Verhältnis zum Garten fest. Wo das Haus stehen und in welche Richtung es sich vorrangig orientieren soll, hängt vom Zuschnitt, der Höhenentwicklung und der Zugänglichkeit und Zufahrbarkeit des Grundstücks ab. Aus dieser Entscheidung ergibt sich wiederum, wo im Haus die wichtigen Wohn- und Aufenthaltsbereiche angeordnet werden.

Oft wird diese Entscheidung bereits von der Größe und dem geometrischen Zuschnitt des Grundstücks vorbestimmt. Während Ihnen auf einem großen Grundstück viele Optionen für die Anordnung und baukörperliche Gestaltung des Hauses zur Verfügung stehen, haben Sie auf einem kleinen Grundstück buchstäblich weniger Spielraum: Auf einem schmalen Bauplatz bleibt beispielsweise meist nur Platz für ein schmales Haus. Da heute die meisten Grundstücke relativ klein sind, sollten Sie mit den daraus folgenden Einschränkungen rechnen und sie schon bei der Auswahl des Grundstücks in Betracht ziehen.

Ein weiterer wichtiger Faktor ist meist der für das Grundstück geltende Bebauungsplan, der innerhalb des Grundstücks einen kleineren Bereich festsetzt, innerhalb dessen das Haus gebaut werden muss. Dieser Bereich wird als „Baufenster" bezeichnet. Auch die Standorte von Garagen und Nebenanlagen wie Gartenhütten sind darin manchmal verbindlich vorgegeben. Die Vorgaben orientieren sich üblicherweise an der Lage des Grundstücks zur Straße und der sich daraus ergebenden Erschließungssituation: das „Baufenster" liegt meist nahe der Straße, der Garten von dieser abgewandt auf der ruhigen Seite des Grundstücks.

Sofern sie nicht im Bebauungsplan vorgegeben ist, hängt die beste Positionierung des Hauses auf dem Grundstück von mehreren Faktoren ab, die miteinander betrachtet und gegebenenfalls gegeneinander abgewogen werden müssen:

Zugang und Zufahrt

Um einen möglichst kurzen Zugangsweg und eine platzsparende Zufahrt zu erreichen, ist es auch ohne diesbezügliche Vorgaben des Planungsrechts meist sinnvoll, den Eingang des Hauses zur Straße hin auszurichten und auch die Garage nahe an der Straße anzuordnen. Der Garten liegt dann (von der Straße aus gesehen) hinter dem Haus und somit auf der ruhigen Seite. Wenn allerdings die Straße auf der „guten" Seite des Grundstücks (im Süden, Südwesten oder Westen) verläuft, kann es durchaus sinnvoll sein, den Garten zwischen Garage und Haus anzuordnen, um das Haus möglichst weit von der Straße abzusetzen.

Besonnung

Es ist allgemein bekannt, dass die Sonne auf der nördlichen Erdhalbkugel am Morgen im Osten aufgeht, zu Mittag im Süden ihren höchsten Stand erreicht und am Abend im Westen untergeht. Hinzu kommt der Einfluss der Jahreszeiten: Im Winter steht die Südsonne niedrig und scheint flach vom Himmel, im Sommer steht sie hingegen viel steiler. Während die Sonne in Mitteleuropa im Sommer ziemlich genau im Osten auf- und im Westen untergeht, kommt sie an langen Sommertagen morgens von Nordosten, abends von Nordwesten.
An Vormittagen und Nachmittagen (und im Sommer bereits am frühen Morgen und bis in den späten Abend hinein) fällt die auf- beziehungsweise untergehende Sonne flach in die Räume ein, während sie am Mittag relativ steil vom Himmel scheint. Der tages- und jahreszeitlich verschiedene Einfallswinkel kann mit etwas planerischem Geschick auch für die Steuerung der Sonneneinstrahlung genutzt werden (Näheres hierzu finden Sie auf Seite 58).

Diese Faktoren müssen bei der Planung des Hauses berücksichtigt werden, da die Sonne dadurch zu verschiedenen Tageszeiten in verschiedene Räume scheint. Sie sollten sich im Vorfeld genaue Gedanken machen, welche Räume im Haus Sie vorrangig zu welcher Tageszeit nutzen wollen – und in welchen Räumen zum Zeitpunkt ihrer häufigen Nutzung Sonnenlicht überhaupt wünschenswert oder vielleicht auch unerwünscht ist. Nutzen Sie dafür die Erkenntnisse aus Ihrem „Drehbuch" und der Bedarfsermittlung. Wie sieht der Tagesablauf Ihrer Familie normalerweise aus? Wollen Sie diesen im neuen Haus beibehalten oder verändern? Und wie würden Sie sich die Besonnung der einzelnen Räume dafür wünschen?

Landläufig werden beim Entwurf von Häusern die Himmelsrichtungen Süd und Südwest als gute „Wohnseiten" definiert: an der Südwestecke vieler Häuser (insbesondere auch bei Typengrundrissen für System- und Fertighäuser) finden sich die häufig genutzten Gemeinschaftsbereiche wie Wohn- und Esszimmer. Diese Üblichkeit geht aus von der Annahme, dass die meisten Familien ihre Freizeit ab dem späteren Nachmittag zu Hause verbringen und im dann genutzten Bereich die Sonne genießen wollen. Dies mag aber in Ihrer Nutzung ganz anders sein – vielleicht arbeiten Sie zu späten Tageszeiten und wollen daher eher am Vormittag Ihre freie Zeit im Haus genießen. Dann wären die Wohnbereiche Ihres Hauses idealerweise nach Osten oder Südosten orientiert.

Die privaten Freiräume Terrasse und Garten werden üblicherweise in einer engen Nutzungsbeziehung mit den innenräumlichen Nutzungen Essen und Wohnen gesehen, die Ess- und Wohnbereiche somit direkt an den Freiraum angelagert. Diese enge Verbindung ist allerdings insofern abhängig von der Größe des Gartens, als große Gärten meist aus mehreren Nutzungsbereichen bestehen, die sowohl dem Aufenthalt als auch speziellen Nutzungen wie Sport, Baden et cetera und dem Anbau von Gemüse und Obst dienen. Machen Sie sich schon früh Gedanken, wie Sie Ihren Garten vorrangig nutzen und von welchen Räumen aus sie ihn direkt betreten wollen.

Auch für die Schlafräume gibt es eine gängige Lösung, die sich in den Typengrundrissen wiederfindet: Sie werden meist nach Norden oder Osten ausgerichtet, einerseits, um die Morgensonne zum Wachwerden auszunutzen, andererseits, um nicht mit den Wohnräumen um die Abendsonne zu konkurrieren. Bei Kinderzimmern ist schon aus hygienischen Gründen gute Besonnung sinnvoll, eine Ausrichtung nach Süden oder Westen hat sich bewährt, da Kinder ihre Vormittage meist in der Schule oder der Kinder-Tageseinrichtung verbringen und die Morgensonne in ihren Zimmern nur am Wochenende nutzen können. Für Arbeitsräume und Küchen eignet sich hingegen eine Ausrichtung in nördlicher Richtung besonders gut, da in solchen Räumen eine direkte Besonnung im Allgemeinen nicht erforderlich ist. In mancher Hinsicht wird sie sogar eher als nachteilig empfunden, etwa weil die Blendung bei der Arbeit am Bildschirm stören kann, weil sich die Räume im Sommer zu stark aufheizen oder weil direktes Sonnenlicht manchen Lebensmitteln oder Arbeitsunterlagen Schaden zufügen kann.

Sie sollten bei der Planung Ihres Hauses alle diese Konventionen kritisch hinterfragen, insbesondere dann, wenn Sie nicht zur genannten Gruppe gehören und Vorlieben oder Tagesabläufe haben, die sich von der Mehrheit unterscheiden. Überlegen Sie genau, welchen Teil des Hauses Sie zu welcher Tageszeit zu nutzen gedenken – und ob Ihnen dafür direktes Sonnenlicht erwünscht oder eher lästig ist. Wenn Sie beispielsweise einen späteren Arbeitsrhythmus bevorzugen und daher Ihre freie Zeit eher an den Vormittagen im Haus verbringen wollen, kann es sinnvoll sein, den Wohnbereich des Hauses in Richtung Osten oder Südosten auszurichten, damit er am Morgen und am Vormittag von der Sonne beschienen wird.

Auch sollten Sie im Blick haben, dass sich Ihre Nutzung über die Jahre ändern wird: Vielleicht gehen Sie künftig zu ganz anderen Tageszeiten zur Arbeit – und irgendwann auch gar nicht mehr – und wünschen sich die Morgen- oder Abendsonne dann für andere Nutzungsbereiche? Da es schwierig ist, sich alle möglichen Szenarien im Vorfeld vorzustellen, ist dies ein starkes Argument für eine gewisse Flexibilität und Nutzungsneutralität des Grundrisses (mehr dazu siehe unten auf Seite 57).

Aussicht

Falls das Grundstück einen Fernblick ermöglicht, sollte dies bei der Ausrichtung des Hauses ebenfalls berücksichtigt werden. Ideal ist eine Aussicht in eine besonnte Himmelsrichtung, aber auch ein Ausblick nach Norden kann sehr reizvoll sein. Bedenken Sie: Die Aussicht ist eine zentrale Eigenschaft des Grundstücks, insbesondere dann, wenn sie nicht verändert oder verstellt werden kann. Wird die Aussicht angemessen in den Entwurf einbezogen, hebt das nicht nur die Individualität und Lebensqualität Ihres Hauses, sondern nicht zuletzt auch dessen Wert.

Oft ist die Aussicht nicht vom Gelände aus, sondern erst in den Obergeschossen erlebbar: im Zweifelsfall sollten Sie oder Ihr Planer mithilfe einer Leiter oder eines kleinen Gerüsts prüfen, ob sich von oben ein Blick ergibt – und wenn ja, wo dieser sich am besten ins Haus „einfangen" lässt.

Nachbarbebauung

Auch die benachbarte Bebauung spielt eine Rolle für Position und Ausrichtung des Hauses. Nachbarhäuser und zugehörige Garagen, Schuppen, Zäune oder Stützmauern und auch Bäume oder Hecken können Ihrem Haus künftig die Aussicht nehmen und nicht nur Ihren Garten, sondern auch Ihr Haus selbst verschatten. Dies muss man im Blick haben, wenn man im eigenen Entwurf die Nutzungen verteilt. Sofern die umgebenden Gebäude zu Beginn Ihres Planungsprozesses noch nicht vorhanden sind, lohnt sich ein Blick in den Bebauungsplan, um die Lage und Höhe der künftigen Nachbarhäuser einschätzen zu können. Dort oder bei einem Kartendienst wie zum Beispiel Google Maps lässt sich auch das Verhältnis Ihres Grundstücks zu öffentlichem Grün, zu nahe gelegenen Fußwegen und zur öffentlichen Infrastruktur wie Bushaltestellen, Kindergärten und Ähnlichem erkennen.

Erschließung und Parken

Die Zugangssituation entscheidet darüber, ob ein Haus barrierefrei ausgebildet werden kann oder nicht – denn wenn sich das Haus nicht stufenlos betreten lässt, sind eine barrierefreie Gestaltung des Grundrisses und Ausbildung der einzelnen Räume nur sehr begrenzt nützlich. Zwischen der Eingangstür und dem Gehweg oder der Straße dürfen dann weder Stufen oder Schwellen noch Rampen oder schiefe Ebenen sein, deren Neigung größer ist als 6 Prozent (das heißt 6 Zentimeter Steigung pro Meter Lauflänge). Stufen und Treppen sind tabu, und auch Schwellen dürfen nicht höher sein als 2 Zentimeter. Dies alles sollte auch für den Weg von den Parkplätzen zum Haus gelten.

Schon bei gering geneigten Grundstücken kann das schwierig werden, vor allem dann, wenn der Vorbereich des Hauses schmal ist und keinen Platz für Rampenanlagen bietet. Wenn Sie sich also die Option auf eine barrierefreie Nutzung des Hauses offen halten wollen, muss dies in der Planung schon recht früh berücksichtigt werden: Diese Entscheidung kann auch erheblichen Einfluss auf die Festlegung der Fußbodenhöhe des Erdgeschosses – und damit die Höhenentwicklung des ganzen Hauses – haben.

Auch wenn Sie nicht das Ziel verfolgen, Ihr Haus schwellenlos betreten zu können, lohnt es sich, bei der Planung an die langfristige Nutzbarkeit des Hauses zu denken. Der Zugangsweg sollte baulich gut befestigt sein. So bietet er stabilen Grund zum Gehen und lässt sich im Alltag außerdem leicht reinigen und im Winter vom Schnee befreien. Stufen werden im Außenbereich üblicherweise flacher ausgebildet als innerhalb von Häusern, begleitende Geländer oder Handläufe sollten vorgesehen sein oder zumindest ohne großen Aufwand nachgerüstet werden können.

Neben den topografischen Aspekten muss das Verhältnis von Straße und Zugang berücksichtigt werden:

Die Zufahrt des Grundstücks und der Zugang zum Haus sind meist durch die Lage der Straße vorgegeben. Die baurechtlich notwendigen Stellplätze sowohl für Kraftfahrzeuge – seien es offene Parkplätze, ein Carport oder eine Garage – als auch für Fahrräder sollten in der Nähe der Haustür oder (bei größeren Häusern) eines Nebeneingangs liegen, bevorzugt im Bereich der Küche oder des Hauswirtschaftsbereichs. Über die kurzen Wege zwischen Auto oder Fahrrad und Haus freuen Sie sich beim Transport von Einkäufen, aber auch bei schlechtem Wetter. Ist es möglich, die Autostellplätze nicht nur nahe beim Haus, sondern gleichzeitig in der Nähe der Straße anzuordnen, lassen sich Geh- und Fahrwege kurz halten, und es muss weniger Grundstücksfläche für Zufahrten versiegelt werden.

Schließlich benötigen Sie auch für die Entsorgung der Abfälle Platz im Zugangsbereich des Hauses. Durch die stetige Perfektionierung der Mülltrennung genügt es heute nicht mehr, nur einen Abstellplatz für eine Mülltonne vorzusehen, hinzu kommen Behälter für Bioabfall, Recyclingmaterial und Altpapier, die zusammen ein erhebliches Maß an Platz benötigen. Dieser Platz sollte im Alltag nahe bei der Eingangstür oder – sofern vorhanden – der Küchentür gelegen sein, am Tag der Abholung freuen Sie sich dann, wenn er nicht weit vom Straßenrand entfernt ist.

Der Vorbereich des Hauses ist über die erwähnte Funktionalität hinaus auch die Visitenkarte und die erweiterte Schwelle des Hauses. Als Visitenkarte sollte er gestalterisch mit dem Haus harmonieren und gewissermaßen die Linie des Hauses nach außen verlängern. Als Schwelle muss er vielfältige funktionale Anforderungen erfüllen, die wir auf Seite 66 zusammengestellt haben.

ERWARTUNGEN AN DEN WOHNKOMFORT

Wohnkomfort – das wird sich gewiss jede Baufamilie wünschen. Aber was ist damit eigentlich gemeint? Der Begriff Wohnkomfort ist nicht klar abgegrenzt und somit schwer zu definieren. Was individuell unter „Wohnkomfort" verstanden wird, hängt in großem Maß von den jeweiligen Ansprüchen, Wünschen und Gewohnheiten ab. Doch es gibt durchaus einige Kriterien, anhand derer man sich einer persönlichen Definition annähern kann. Zweifellos sind das Platzangebot und die räumlichen und praktischen Qualitäten der Wohnbereiche, die in den folgenden Abschnitten ausführlich behandelt werden, wichtige Kriterien für die Bewertung von Wohnkomfort. Zunächst soll aber die Bedeutung der übergeordneten Kriterien Licht, Temperatur und Schall dargestellt werden, die sich zentral auf den Wohnkomfort auswirken.

Licht

Jedes Haus benötigt ein sinnvolles Maß an Tageslicht. Dass es im Inneren nicht zu dunkel sein sollte, dürfte unmittelbar einleuchten. Aber auch zu viel Licht kann als störend empfunden werden, beispielsweise wenn Blendungseffekte auftreten.

Die Grundlage, um ein ausgewogenes Maß an Tageslicht zu erreichen, sind ein sinnvolles Verhältnis zwischen geschlossenen

Wand- und Dachflächen und Fenstern sowie die richtige Ausrichtung der Fenster. Nach Norden ausgerichtete Fenster benötigen meist keinen Sonnenschutz, können aber auch keine solaren Gewinne verbuchen und sollten daher kleiner ausfallen. Fenster zu besonnten Seiten können einerseits für im Winter erwünschten solaren Wärmeeintrag sorgen, müssen andererseits jedoch vor allem in den Sommermonaten vor einem Übermaß an Sonneneinstrahlung geschützt werden. Sind die Fenster sehr groß, kann auch unerwünschte Blendung zum Problem werden. Es ist daher ein wichtiges Ziel der Planung, für eine angemessene Balance zwischen geschlossenen und offenen Flächen auf der Gebäudehülle zu sorgen. Die Bauordnungen der Länder legen Mindestgrößen für die Fensterfläche von Aufenthaltsräumen in Abhängigkeit von deren Fläche fest: Sie muss ein Zehntel der Grundfläche des Raums betragen.

Bei der Festlegung der Fenster kann neben den Grundriss- und Ansichtszeichnungen besonders ein Modell des Hauses mit eingeschnittenen Fensteröffnungen hilfreich sein, das Sie auf eine besonnte Fläche stellen, um den Einfall des Sonnenlichts zu simulieren. Nützlich ist sonst auch ein gut gemachtes digitales Raummodell.

Auch die künstliche Belichtung der Innenräume hat einen wichtigen Einfluss auf den späteren Wohnkomfort. Sie muss schon beim Entwurf des Hauses bedacht und konzipiert werden.

Temperatur

Ein ausreichender Schutz vor unerwünschten Einblicken von außen sowie der erforderliche Blendschutz lassen sich durch innenliegende Ausstattung wie Vorhänge, Rollos oder Lamellenstores recht einfach, flexibel und auch kostengünstig erreichen. Anders verhält sich dies bei Sonnenstrahlung: Ist sie einmal durch die Scheibe ins Haus gelangt, verwandelt sie sich in Wärme. Ein Vorhang, der innen vor dem Fenster hängt, nützt dann nicht mehr viel. Was im Winter durchaus erwünscht ist, kann im Sommer zu einem Problem führen, das bei der Planung von Häusern oft unterschätzt wird: die Überhitzung der Innenräume. Der Klimawandel lässt die durchschnittlichen Temperaturen steigen, daher wird der Schutz vor sommerlicher Überhitzung zunehmend wichtiger und ist längst ähnlich dringend wie der Bedarf nach winterlicher Heizung.

Wird die Regulierung der Innentemperatur bereits beim Entwurf bedacht, kann das den Wohnkomfort deutlich erhöhen – und unter Umständen die Kosten für zusätzliche technische Vorrichtungen reduzieren.

Die einfachste bauliche Methode, einen sinnvollen Sonnenschutz zu erreichen, sind Dachüberstände oder auskragende Bauteile, etwa Balkone, auf den besonnten Gebäudeseiten: Diese verringern die Sonneneinstrahlung, ohne dass man bewegliche und potenziell empfindliche Sonnenschutzsysteme installieren müsste. Dachüberstände verhindern im Sommer, dass die steil stehende Sonne die Fenster direkt erreicht. Im Winter können die flachen Sonnenstrahlen jedoch auf die Glasscheiben treffen und holen dadurch die in dieser Jahreszeit erwünschte Wärme ins Haus.

Einen ähnlichen Effekt wie auskragende Bauteile haben große Bäume, die Sie vielleicht auf Ihrem Grundstück vorgefunden haben. Während Laubbäume im Winter ihre Blätter verlieren und so gewissermaßen einen natürlichen Sonnenschutz darstellen, behalten Nadelbäume ihre Nadeln über das ganze Jahr und haben so oft den Effekt, dass im Winter nicht mehr genug Licht in die Innenräume vordringt. Zu beachten ist hier der Abstand der Bäume zum Haus: Stehen sie zu weit weg, reduziert sich der erwünschte schützende Effekt stark, insbesondere gegen die im Sommer steil einfallenden Sonnenstrahlen.

Schall

Lärm, vor allem dauerhafter, beeinträchtigt das Wohlbefinden entscheidend und kann sogar krank machen. Der Schallschutz sollte daher bei der Planung auf keinen Fall vernachlässigt werden. Wichtig ist dabei zunächst die Unterscheidung zwischen internen und externen Schallquellen. Letztere können zum Beispiel Straßen, Bahnlinien, nahe Sportanlagen und Ähnliches sein – Schallquellen, die von außen auf das Haus einwirken. War dies schon zum Zeitpunkt der Erstellung des Bebauungsplans der Fall, finden sich dort meist verbindliche Regelungen zum sogenannten „aktiven" Schallschutz, der baulichen Schalldämmung der Gebäudehülle. Diese Regeln beziehen sich auf die Schalldämmeigenschaften von Wänden, Fenstern und Türen und können die Verwendung spezieller Wandaufbauten sowie den Einbau von Schallschutzfenstern erforderlich machen. Oft werden von Kommunen auch Lärmschutzwände, Wälle oder ähnliche Vorrichtungen zum passiven Schallschutz zentral errichtet, um ganze Wohngebiete von potenziellen Schallquellen abzuschirmen und dadurch die an die einzelnen Häuser gestellten baulichen Anforderungen zu verringern.

Wenn sich im Bebauungsplan zu diesem Thema nichts findet (oder kein Plan existiert), aber trotzdem Lärmbelastungen durch externe Schallquellen vorhanden oder zukünftig zu erwarten sind, ist dies zunächst eine Aufgabe für die Grundrissplanung: „Empfindliche" Räume wie Schlaf- und Kinderzimmer sollten in diesem Fall auf der von der Schallquelle abgewandten Seite des Hauses angeordnet werden. Darüber hinaus können Sie mit Ihrem Planer vereinbaren, dass die Gebäudehülle Ihres Hauses freiwillig höhere als die üblichen Schalldämmmaße erfüllt.

Fragen Sie auf jeden Fall bei der Gemeinde an, auf deren Gemarkung Ihr Grundstück liegt: Manchmal gibt es die Möglichkeit, für Maßnahmen , die der Erhöhung des aktiven Schallschutzes dienen, finanzielle Förderung zu erhalten.

Für den internen Schallschutz in Einfamilienhäusern gelten hingegen keine verbindlichen Anforderungen: Die Wohnung wird als eine Nutzungseinheit verstanden, wechselseitige Beeinträchtigungen zwischen einzelnen Räumen gelten als interne Probleme, die keiner gesetzlichen Regelung bedürfen.

Umso wichtiger ist es, dass Sie als Bauherrin oder Bauherr diesen Aspekt bei Ihrer Planung berücksichtigen und mit Ihrer Planerin oder Ihrem Planer besprechen. Unterschätzen Sie die vielfältigen Geräuschquellen nicht, die das Familienleben mit sich bringt: vom Trittschall, der aus dem Obergeschoss zu hören ist, über Spielgeräusche oder Musik aus den Kinderzimmern und Fernsehgeräusche im Wohnbereich bis zu Küchenmaschinen, Waschmaschinen und Trocknern. Ein Schutz vor internen Schallquellen kann bei allen Bauweisen mit geringem Zusatzaufwand erreicht werden. Lassen Sie sich hierzu von Ihrem Planer oder Hausanbieter beraten.

Wichtig: Wenn Sie im Haus eine zweite, abgetrennte Wohneinheit schaffen wollen (siehe Seite 57), muss diese den geltenden Anforderungen an den Schallschutz zwischen Wohnungen entsprechen, die auch im Geschosswohnungsbau gelten. Das heißt: In diesem Fall müssen Sie unter Umständen über die schalldämmenden Maßnahmen, die Sie für Ihre Wohnräume treffen, hinausgehen.

Ein unterschätztes Thema, das insbesondere bei Häusern mit umfangreicher haustechnischer Installation nicht selten Probleme erzeugt, ist die Geräuschemission von technischen Geräten innerhalb des Hauses. Zentral organisierte Lüftungsanlagen, Wärmepumpen und sonstige Heizungsausstattung arbeiten nicht völlig geräuschlos und müssen daher zunächst sinnvoll angeordnet, dann zusätzlich fachgerecht isoliert werden. Viele dieser Geräte werden im Keller oder in Nebenräumen platziert und sind dort durch Wände und Türen – die dann ausreichende isolierende

Eigenschaften haben müssen – abgeschirmt. Schwieriger wird es bei Lüftungsleitungen, die sich in alle Räume des Hauses hinein verzweigen. Hier müssen die zuständigen Fachleute schon bei der Planung für den Einbau schalldämpfender Bauteile an wichtigen Übergangspunkten sorgen, damit sich Lüftungsgeräusche nicht unkontrolliert im Haus verbreiten können.

Hinzu kommt, dass bestimmte Komponenten von Heizungs-, Lüftungs- und Klimaanlagen häufig Ihren Platz außerhalb des Hauses finden. Die von diesen Geräten ausgehenden Geräusche können nicht nur für Sie störend sein, sondern unter Umständen auch auf den Nachbargrundstücken wahrgenommen werden. Im Sinne guter Nachbarschaft ist daher auch im Außenbereich auf eine funktionierende Schallisolierung der Geräte zu achten, denn als Betreiber des Geräts sind Sie letztlich dafür verantwortlich, dass dieses die Anforderungen der „Technischen Anleitung zum Schutz gegen Lärm" (TA Lärm) einhält, und können für Überschreitungen belangt werden. Die in üblichen Wohngebieten (Kategorie Allgemeines Wohngebiet nach Baunutzungsverordnung) während der Nacht zulässigen Geräuschemissionen liegen bei 40 dB(A), was in etwa dem Ladegeräusch eines Kühlschranks entspricht. In welchem Maß Ihre Gebäudetechnik Geräusche verursacht, können Sie den jeweiligen Produktdatenblättern entnehmen. Bei Luftwärmepumpen ist die betreffende Kennzahl zum Beispiel der Schallleistungspegel des Ventilators. Der Durchschnitt liegt etwa bei 50 dB. Mit wachsendem Abstand zum Gerät fällt auch der Schalldruck.

Um Lärmbelästigung für sich und die Menschen in den Nachbarhäusern zu vermeiden, gilt es also den Aufstellort des Außengeräts so zu wählen, dass genug Abstand zum Nachbarhaus besteht. Dabei sollte genau darauf geachtet werden, ob etwa Schall durch Hauswände reflektiert und dadurch verstärkt werden könnte. Eventuell ist der Ventilator einer Luftwärmepumpe auf der Straßenseite des Hauses am besten aufgehoben.

Apropos gute Nachbarschaft: der erwähnte Grenzwert gilt auch für Geräusche, die aus Ihrem Haus nach draußen dringen. Es ist daher sinnvoll, die Fenster der Räume, in denen Sie schallintensive Tätigkeiten verrichten wollen, möglichst nicht direkt in Richtung der Nachbarn auszurichten – und sie in jedem Fall bei Nacht geschlossen zu halten.

Die sachlichen Kriterien, die wir in den vorigen Absätzen behandelt haben, beeinflussen neben dem physischen Wohlbefinden auch den Schutz der Privatsphäre, der seinerseits ebenfalls einen wichtigen Aspekt des Wohnkomforts darstellt. Dafür spielt das Verhältnis zwischen Austausch mit der Umgebung und sicherem Rückzugsraum eine wichtige Rolle, und zwar sowohl in optischer als auch in akustischer Hinsicht. Wenn Ihr Haus von der Straße oder den Nachbarhäusern gut einsehbar ist, sollten Sie schon in der Grundrissplanung darauf achten, dass Ihre Wohn- und Schlafbereiche möglichst gut vor neugierigen Blicken geschützt sind. Dafür kommen folgende Maßnahmen in Betracht:

- Orientieren Sie schützenswerte Räume wie Wohn-, Arbeits- und vor allem Schlafräume in geschützte Bereiche und ordnen sie deren Öffnungen (Fenster und Türen) nicht an den vom öffentlichen Raum oder den Nachbarn sichtbaren Seiten des Hauses an. Die meisten Bauherren empfinden Küchen und Essbereiche als weniger empfindlich gegenüber Sichtbeziehungen nach außen.
- Wählen Sie für einsehbare Öffnungen schutzwürdiger Räume hohe Brüstungen (Unterkante Fenster auf 1,50 Metern oder höher) aus, sodass Passanten nicht direkt ins Haus sehen können.
- Wenn dies nicht möglich ist, können Sie die Fenster, die von der Straße oder von Nachbargrundstücken gut einsehbar sind, entweder mit satiniertem Glas (Milchglas) oder mit außen- oder innenliegenden Systemen zum Sichtschutz ausstatten.

ASPEKTE DER GRUNDRISS-PLANUNG

Bevor die ersten Skizzen zum Grundriss Ihres Hauses entstehen, haben Sie im Rahmen Ihrer Bedarfsermittlung schon viele Szenarien Ihres Alltags und der besonderen Anlässe Revue passieren lassen und über viele Kriterien nachgedacht, die Sie bei der Suche nach dem räumlichen Rahmen für Ihr künftiges Familienleben im Auge behalten wollen. Der Aufbau der Checklisten und Protokolle in diesem Buch soll Sie dabei unterstützen, die wichtigsten Aspekte der Planung über die verschiedenen Planungsphasen hinweg kontinuierlich im Blick zu behalten.

Im nächsten Schritt muss Ihre Planerin oder Ihr Planer diese Szenarien und Kriterien mindestens im Hinterkopf haben, wenn sie oder er sie in konkrete Pläne für Ihr Haus umsetzt. Ihre Rolle besteht darin, den Entwurf in jedem Stadium kritisch zu prüfen auf die Frage hin, ob Ihre Bedarfe abgebildet, Ihre Wünsche weitestmöglich erfüllt und Ihre Nutzungsszenarien möglich gemacht sind. Im Folgenden finden Sie dazu wichtige Kriterien und Anforderungen an einzelne Räume.

Nutzungsprägende Zusammenhänge

So wie kein Haus die ganz perfekte Umgebung für jeden Tag des Lebens sein kann, wird auch jeder Entwurf in der Menge Ihrer formulierten Vorstellungen jeweils eigene Prioritäten setzen müssen. Ihre Aufgabe ist es, diese Prioritäten zu hinterfragen – nicht nur dort, wo sie sich im Entwurf äußern, sondern auch in Ihrem eigenen Wertesystem. Nicht selten verschieben sich Vorlieben und Wünsche in ihrer Wertigkeit im Verlauf eines Planungsprozesses so grundlegend, dass man vom Ergebnis nicht mehr auf die erste Aufgabenbeschreibung schließen kann – und doch sind alle Beteiligten zufrieden. Erhalten Sie sich möglichst lange die Offenheit, auch unerwartete Vorschläge ernst zu nehmen und sich buchstäblich in sie hineinzudenken. Vielleicht schlägt Ihre Planerin Ihnen eine Lösung vor, die Ihnen nie in den Sinn gekommen wäre, aber Ihre Wünsche trotzdem weitestgehend erfüllt?

Insbesondere der Wohnbereich, in dem die Gemeinschaft der Familie ihren Raum findet, bedarf sehr früh der Klärung. In vielen Familien sind der Esstisch und die Küche die zentralen Treffpunkte, an denen die Aktivitäten sich überlagern und Gemeinschaft stattfindet – ist das auch bei Ihnen so? Welchen Stellenwert haben gemeinsames Kochen und Essen? Und: Was verstehen Sie eigentlich unter „Wohnen"? Das kann vieles bedeuten, vom Brettspiel am Esstisch über das gemeinsame Ansehen von Filmen im Heimkino bis zum Mittagschlaf auf dem Sofa. Wer nutzt vorrangig welche Räume, und wie sind diese Räume im Haus angeordnet?

Interne Aufteilung

Eine wichtige Setzung, die früh im Entwurfsprozess zu treffen ist, betrifft die Aufteilung der Nutzungsbereiche. Wünschen Sie sich einen gemeinsamen Bereich für alle Mitglieder der Familie, wo sich zwangsläufig alle Wege kreuzen und Gemeinschaft gar nicht vermeiden lässt – etwa im Sinne eines Marktplatzes, auf dem alle Gassen sich treffen? Sollen alle Hausbewohner das Haus über einen Eingang betreten, um sich anschließend durch einen fließenden Wohnbereich – vielleicht mit einer offenen Treppe – auf die Rückzugsräume zu verteilen?

Oder wollen Sie ganz gezielt bestimmte Bereiche klar vom Rest des Hauses abtrennen, um wechselseitige Störungen möglichst weitgehend zu vermeiden? Die Analogie hierzu wären zwei Dörfer mit einem Fluss dazwischen. Eine Abtrennung kommt vor allem für die Arbeitsräume und die Bereiche der Kinder in Betracht und kann durch einen unabhängigen Zugang von außen gestärkt werden. Eine solche Anordnung schützt die Privatsphäre der dort verorteten Räume – wenn auch auf Kosten der Gemeinschaft – und ermöglicht potenziell auch eine (spätere) getrennte Nutzung beider Bereiche. Denken Sie bei diesen Entscheidungen immer nicht nur an Ihre derzeitige Situation, sondern stellen Sie sich erwartbare Veränderungen über den Lauf der nächsten Jahre und Jahrzehnte vor.

Nutzungsvielfalt und spätere Änderungen

Zentral für die Planung Ihres Hauses sind die Begriffe Flexibilität und Variabilität. Flexibilität meint, dass Sie Ihre Wohnräume ohne bauliche Veränderungen für unterschiedliche Zwecke nutzen können. Variabilität bedeutet, dass die Planung Optionen zur Änderung durch spätere Umbauten bietet.

Denken Sie zum Beispiel über Ihre Ziele für die Bewirtung und Beherbergung von Gästen und das Feiern von Festen nach. Während die Tauglichkeit des Hauses für Gastlichkeit im kleinen Rahmen sich vor allem an den ausreichenden Abmessungen des Esstischs (siehe Seite 67), des Wohnbereichs oder der Terrasse bemisst, erfordern größere Feste nicht nur angemessene Raumgrößen, sondern profitieren auch von Grundrissen, bei denen die Wohn- und Essbereiche und möglichst zusätzlich die Terrasse fließend ineinander übergehen und so gemeinsam genutzt werden können.

Wenn die Gäste auch über Nacht bleiben sollen, brauchen Sie dafür ein eigenes Gästezimmer. Dessen sinnvolle Größe und Anordnung hängt davon ab, für wie lange die Gäste bei Ihnen wohnen sollen – und wie viel Privatsphäre Sie ihnen dabei zubilligen wollen. Wenn Gäste nur selten und für einzelne Nächte bleiben, kann es ausreichend sein, diese Funktion mit einem ausklappbaren Sofa im Wohnbereich oder auch in einem Arbeitszimmer zu verorten. Bleibt der Besuch hingegen über längere Zeiträume, sollten Sie einen nur dafür vorgesehenen Raum einplanen, wenn möglich auch mit einem eigenen Sanitärbereich.

Die Fortsetzung dieses Gedankens ist die Schaffung einer abgetrennten und vollständig (mit eigenem Bad und eigener Küche) ausgestatteten eigenen Wohneinheit im Haus, die als Einliegerwohnung bezeichnet wird. Diese sollte nach Möglichkeit einen vom Eingang der Hauptwohnung abgetrennten Zugang und auch einen eigenen Freibereich (als Balkon oder Terrasse) erhalten, der die Privatsphäre Ihres eigenen Gartens möglichst wenig beeinträchtigt. Einliegerwohnungen können extern vermietet oder auch durch Familienangehörige genutzt werden, die eigenständig, aber doch in der Nähe Ihrer Familie wohnen wollen: Oft sind dies erwachsene Kinder oder die eigenen Eltern. So kann eine Einliegerwohnung auch die Nutzungsflexibilität des Hauses erweitern.

Eine weitere Möglichkeit zu vorausschauender Nutzungsoptimierung liegt in der vorab durchdachten „Schrumpfung" des Hauses. So können Teile des Hauses, zum Beispiel der Bereich der Kinder, schon im ersten Entwurf für eine spätere Abtrennung vorbereitet werden, indem sie eigene sanitäre Anlagen und einen eigenen Zugang von außen entweder von Anfang an erhalten (Letzteres kann schon für das vom Familienleben unabhängige Kommen und Gehen von Jugendlichen sehr nützlich sein) oder deren Nachrüstung vorgesehen wird.

In diesem Zusammenhang sollten Sie auch darüber nachdenken, ob sich in einem mehrgeschossigen Haus eine vollständig barrierefreie Wohnung auf einer Ebene (sinnvollerweise im Eingangsgeschoss) herstellen lässt, in der Sie auch im Fall von alters- oder krankheitsbedingten Bewegungseinschränkungen weiterhin wohnen bleiben können.

Grundrisse gut organisieren

Wie im Abschnitt Topografie ab Seite 48 erläutert, spielt die Ausrichtung des Baukörpers zu den Himmelsrichtungen eine erhebliche Rolle für die Gestaltung des Grundrisses, vor allem für die Orientierung der verschiedenen Räume und Aufenthaltsbereiche. Aus der Grundregel, dass Aufenthaltsräume aller Art aufgrund der Besonnung wenn irgend möglich nach Osten, Süden und Westen, nicht aber nach Norden ausgerichtet sein sollten, ergeben sich einige Bedingungen für die Organisation im Inneren.

- Baukörper, die in Nord-Süd-Richtung ausgerichtet sind, haben ihre langen Gebäudekanten nach Osten und Westen. Da in diesem Fall die Aufenthaltsräume auf den beiden langen Seiten angeordnet sein können, eignen sich diese Baukörper für Grundrisse mit Mittelfluren, die auf beiden Seiten Aufenthaltsräume erschließen. Dadurch werden relativ hohe Gebäudetiefen möglich.
- In Baukörpern, die in Ost-West-Richtung ausgerichtet sind, eignet sich hingegen nur die nach Süden ausgerichtete lange Gebäudekante für die Anordnung von Aufenthaltsräumen. Nach Norden sollten möglichst nur Nebenräume wie Küchen, Bäder und Erschließungsräume (Treppen und ähnliches) orientiert sein.

Auf den folgenden Seiten stellen wir Ihnen für die beiden oben beschriebenen gängigen Gebäudestellungen jeweils einige beispielhafte Grundrisse für zweigeschossige Häuser vor und erläutern deren Besonderheiten sowie ihre Vor- und Nachteile. Zur

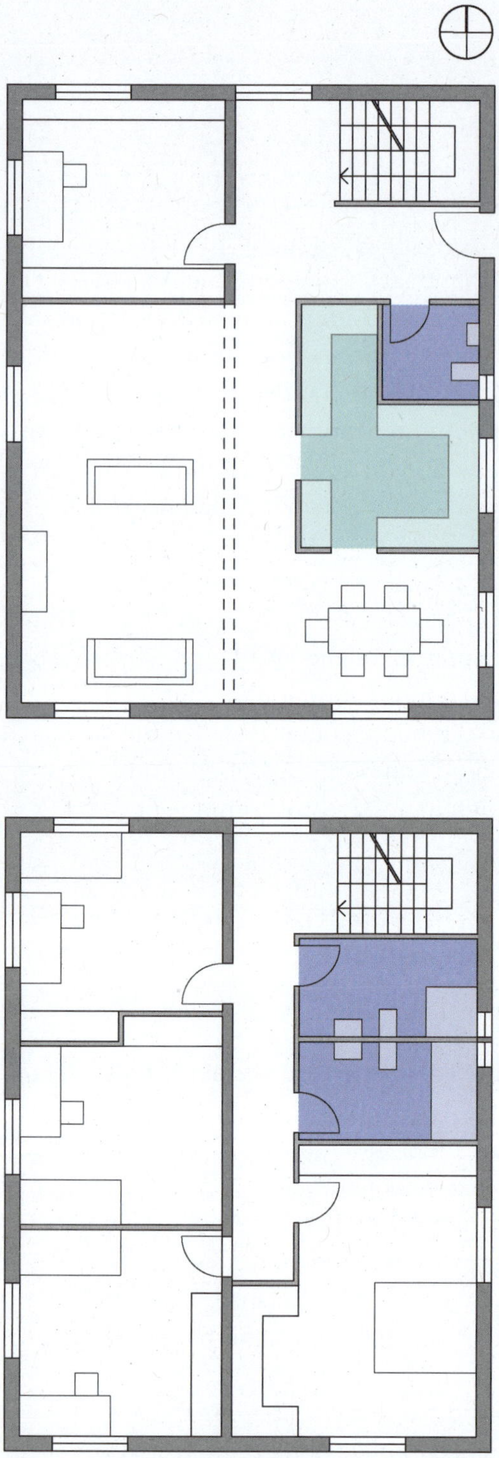

Dieser Grundriss hat sowohl den Zugang als auch die Treppe in der nordöstlichen Ecke. Das Arbeitszimmer ist ohne Durchgang durch den Wohnbereich zugänglich. Der Wohnbereich ist über Eck organisiert, dadurch wird die attraktive Südwestecke gut genutzt und es entsteht ein klar definierter Platz für den Esstisch. Im Obergeschoss sind Sie durch den Mittelflur sehr flexibel bei der Anordnung und dem Zuschnitt von Individualräumen.

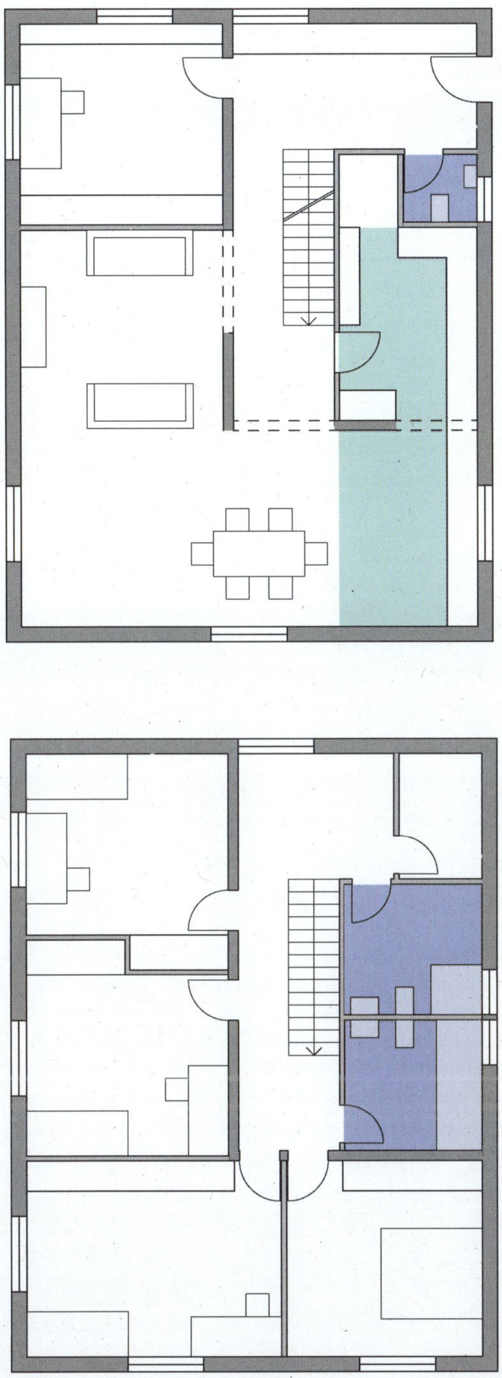

Dieser Grundriss stellt eine Variation des linken Grundrisses dar, platziert allerdings die Treppe mitten im Haus. Dadurch entstehen im Obergeschoss kürzere Wege bei ähnlicher Flexibilität, das Erdgeschoss ist hingegen weniger flexibel. Hier ist im Osten des Erdgeschosses ein großzügiger Bereich für die Küche und einen Hauswirtschaftsraum dargestellt.

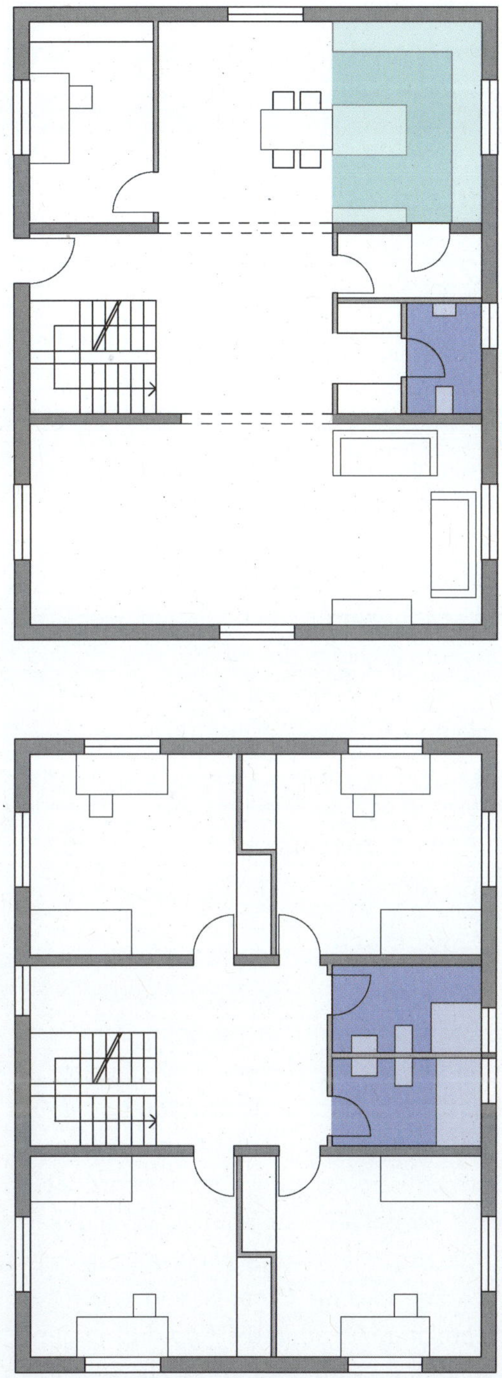

Dieses Haus ist von Westen erschlossen (könnte allerdings – wie alle vorigen Grundrisse – auch an der Längsachse gespiegelt werden). Der Eingang und die Treppe definieren einen großzügigen Mittelbereich, von dem aus in beiden Geschossen alle Räume erschlossen sind.

besseren Lesbarkeit ist dabei der Küchenbereich jeweils grün eingefärbt, Bäder und Sanitärräume sind blau gekennzeichnet.

„Senkrechte" Grundrisse

In Baukörpern, die in Nord-Süd-Richtung ausgerichtet sind (Beispiele auf den Seiten 58/59), können die Aufenthaltsräume nach Osten, Süden und Westen orientiert werden. Dies eröffnet viele verschiedene Möglichkeiten für die Erschließung des Hauses, die Organisation der Wohnbereiche und auch die Anordnung der Individualräume.

Wenn für das Haus ein geneigtes Dach vorgesehen (oder im Bebauungsplan vorgeschrieben) ist, wird der First üblicherweise parallel zum Baukörper verlaufen, hier also ebenfalls in Nord-Süd-Richtung. Die Dachflächen sind dann nach Osten und Westen ausgerichtet und eignen sich grundsätzlich beide für die Anordnung von Sonnenkollektoren.

„Liegende" Grundrisse

Baukörper mit einer Ausrichtung in Ost-West-Richtung (Beispiele auf dieser Doppelseite) können Aufenthaltsräume aufgrund der langen nach Norden orientierten Gebäudekante vor allem entlang der Südkante angeordnet werden. Obwohl auch hier einige Möglichkeiten für die Erschließung des Hauses zur Verfügung stehen, ist die Organisation der Wohnbereiche und auch die Anordnung der Individualräume weniger flexibel als bei den auf den vorigen Seiten beschriebenen Häusern.

Wenn für das Haus ein geneigtes Dach vorgesehen (oder im Bebauungsplan vorgeschrieben) ist und der First parallel zum Baukörper verläuft (hier also ebenfalls in Ost-West-Richtung), ist nur die südliche, zur Südsonne hin orientierte Dachfläche für die Anordnung von Sonnenkollektoren geeignet.

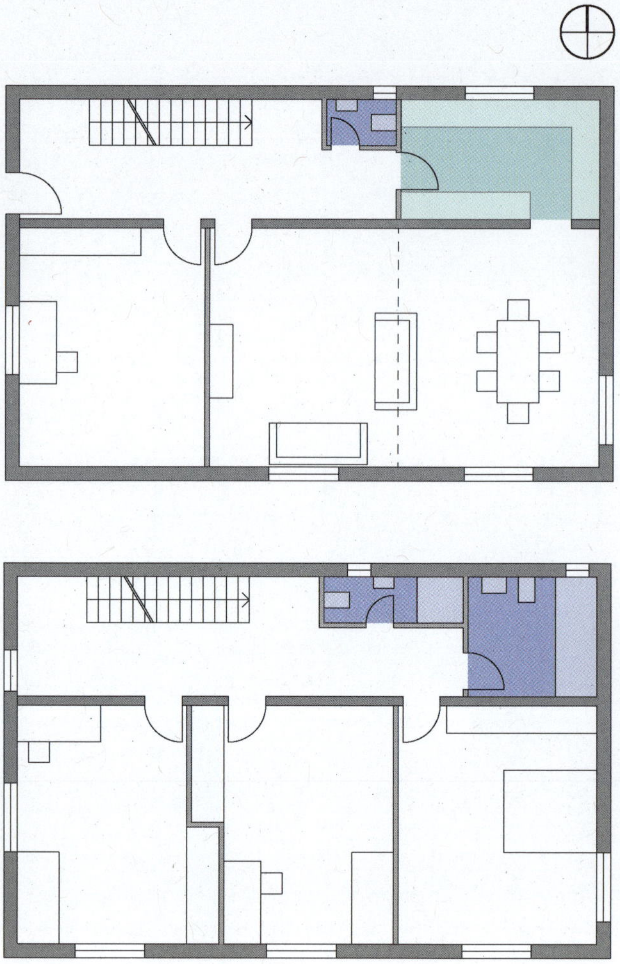

In diesem Haus befinden sich der Eingang und die Treppe im Nordwesten. Im Erdgeschoss wird der größere Teil der Südseite als Wohnbereich genutzt. In der Südwestecke ist ein Arbeitszimmer dargestellt, das auch ohne Betreten des eigentlichen Wohnbereichs zugänglich ist und so auch gut als Büro genutzt werden kann, in dem sich Kunden oder Geschäftspartner empfangen lassen.

Im Obergeschoss können Räume verschiedener Größe entlang der Südseite angeordnet und flexibel zugeschnitten werden.

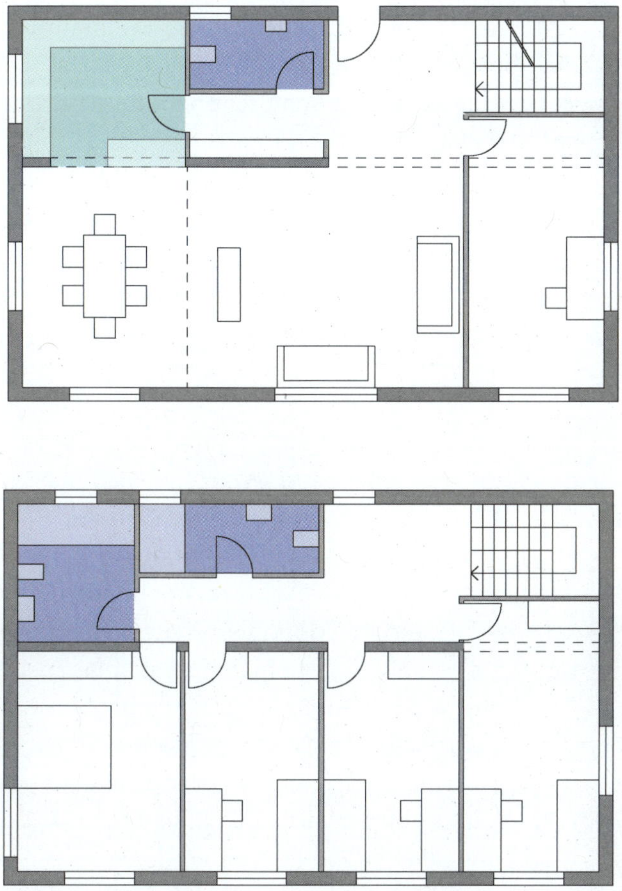

Dieses Haus hat seinen Zugang von der Nordseite, die Treppe befindet sich in der Nordostecke. Auch hier ist eine vom Wohnbereich unabhängige Zugänglichkeit des Arbeitszimmers möglich, wenn entlang der gestrichelten Linie eine Wand mit Tür vorgesehen wird. Auf dem Weg von der Haustür zur Küche ergibt sich eine Flurzone, die sich als Garderobe eignet. Im Obergeschoss ist eine Option mit vier Individualräumen dargestellt.

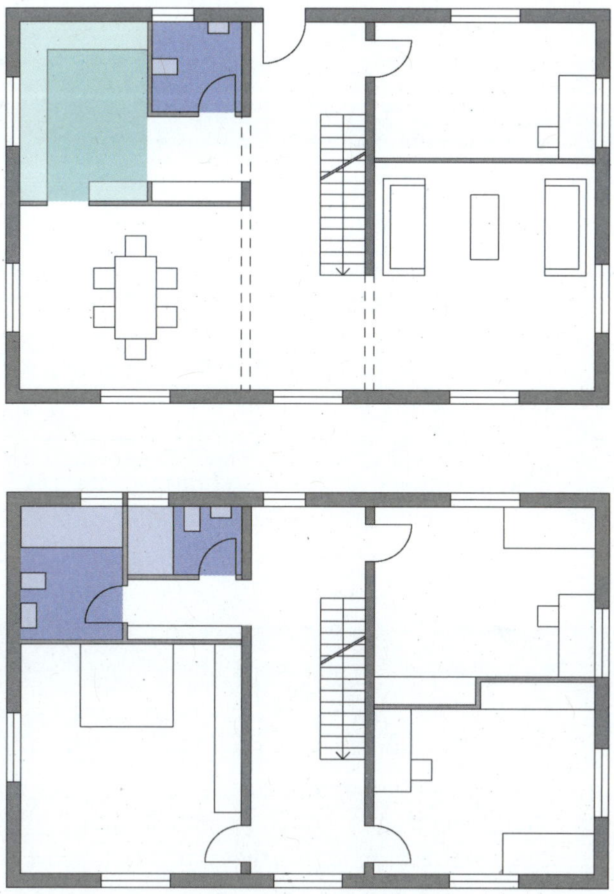

Durch die zentrale Anordnung der Treppe wird der Wohnbereich in zwei etwa gleichwertige Teile (je einer für den Esstisch und die Sofaecke) gegliedert. Die zentrale Anordnung der Treppe macht diese zu einem räumlich wirksamen Element, erschwert jedoch die Abtrennbarkeit des Arbeitszimmers. Im Obergeschoss sind aufgrund der Treppe nur drei abgetrennte Räume möglich.

Erweiterung planen

Wenn das Grundstück ausreichend groß ist und Sie seine planungsrechtliche Bebaubarkeit nicht im ersten Schritt vollständig ausschöpfen müssen, können Sie im Rahmen der Planung über eine weitere Möglichkeit zur Flexibilisierung nachdenken: die spätere Erweiterung des Hauses. Dies kann für junge Paare sinnvoll sein, deren Familienplanung noch nicht abgeschlossen ist und die sich die Option wünschen, in einem nachträglichen Anbau weitere Kinderzimmer anzuordnen. Aber auch die Ergänzung von Arbeitsräumen für Beruf oder Hobbys oder eine weitere Wohneinheit, zum Beispiel für Ihre Eltern, können in einem Anbau Platz finden. Diese Optionen sollten allerdings unbedingt schon bei der Planung des ersten Bauabschnitts bedacht und planerisch vorbereitet werden, indem die Durchgänge zwischen Hauptgebäude und späterem Anbau freigehalten und Trassen für Versorgungsleitungen gelegt werden. Dann kann die Erweiterung später ohne größere Umbauten am Bestand umgesetzt werden. Wenn Sie damit rechnen, den Anbau innerhalb weniger Jahre zu realisieren, kann es auch sinnvoll sein, ihn schon im Rahmen des ersten Bauantragsverfahrens genehmigen zu lassen. In diesem Fall müssen Sie die Baugenehmigung bis zur Umsetzung des zweiten Abschnitts in regelmäßigen Abständen behördlich verlängern lassen, da sonst das Baurecht erlischt. Genaueres hierzu kann Ihnen die zuständige Genehmigungsbehörde erläutern.

Barrierefreiheit

Unter dem Aspekt der Barrierefreiheit ist ein ebenerdiges Haus, landläufig Bungalow genannt, die beste Wahl. Die dafür erforderlichen großen Grundstücke sind aber schwer zu finden. Die meisten heute erschlossenen Wohngebiete setzen relativ kleine Baufenster fest, die nur bei mehrgeschossiger Bebauung die üblichen Wohnflächen ermöglichen. Das Bauen in zwei oder auch drei Ebenen verbessert die Flächennutzung und senkt neben den Kosten für den Bauplatz auch die Erstellungskosten. Zudem macht die mehrgeschossige Bauweise die Aufteilung der verschiedenen Nutzungsbereiche innerhalb des Hauses leichter und ermöglicht häufig sogar eine spätere Abtrennung mehrerer Einheiten.

Eine vollständige Rollstuhltauglichkeit ist in mehrgeschossigen Einfamilienhäusern jedoch nur sehr schwer zu erreichen. Die nach DIN 18040 geforderten Mindestbreiten für Flure und Türen können im Rahmen der Planung problemlos erreicht werden, ebenso die schwellenlose Ausbildung von Hauseingangstüren (siehe Seite 51). Schwieriger ist bei Grundstücken in hängigem Gelände die barrierefreie Gestaltung von Zugangswegen, fast unmöglich die Herstellung einer mit Hilfsmitteln überwindbaren vertikalen Erschließung . Man kann zwar schon im Vorfeld die Voraussetzungen für den späteren Einbau eines Treppenlifters schaffen – dieser kann aber einen Aufzug nur bedingt ersetzen.

Wer also ein wirklich rollstuhlgeeignetes Haus wünscht und nicht die Möglichkeit hat, seine oder ihre Wohnung vollständig auf einer Ebene zu organisieren, wird wohl oder übel einen Aufzug einbauen müssen. Denkbar ist auch, vorerst einen Schacht für die spätere Nachrüstung eines Aufzugs vorzusehen, der mit einfachen Zwischendecken als Abstellraum genutzt werden kann. Es muss Ihnen aber klar sein, dass ein Aufzug sowohl in der Erstinvestition als auch im Betrieb recht kostspielig ist.

Uneingeschränkt sinnvoll ist es, sich an einige Vorgaben der DIN 18040 zu halten, auch wenn diese nicht in Gänze auf Ihr Haus anwendbar ist. So ist es nahezu kostenneutral möglich, alle Türen 90 Zentimeter breit und damit rollstuhlgeeignet auszuführen, und auch die mit 1,20 Meter geringfügig breiteren Flure sind beim Bauen erschwinglich. Türen lassen sich mit einem gewissen Kostenaufwand nachträglich verbreitern, bei Fluren ist dies meist gar nicht oder nur mit unverhältnismäßig hohem Aufwand möglich. Ein barrierefreies Bad wird zwar merklich größer ausfallen als ein kleines, flächenoptimiertes Bad, aber auch hier wäre eine spätere Nachrüstung mit einem kostspieligen Umbau verbunden. .

Typologische Optionen

Das übliche Einfamilienhaus steht auf einem rechteckigen Grundriss und hat keine Quer- oder sonstigen Anbauten. Auf diese Regel gehen einerseits die meisten Bebauungspläne ein, andererseits folgen auch die meisten erhältlichen Fertig- und Systemhäuser dieser Standardform. Dementsprechend sind die üblichen Grundrisse auf Rechtecke hin optimiert, deren Seitenverhältnis etwa 1:1,5 beträgt, und gehen davon aus, dass die gartenseitige Traufseite nach Süden oder Südwesten orientiert ist.

Aber nicht alle Grundstücke eignen sich für Häuser mit diesem „Fußabdruck“. In Abhängigkeit vom Grundstückszuschnitt kann es sinnvoll oder gar erforderlich sein, das Haus auf einem stark längsrechteckigen oder auch quadratischen Grundriss zu organisieren. Dabei spielt auch die Orientierung des Grundstücks zur Sonne und zur Straße eine entscheidende Rolle (vgl. Seite 49). Auch die Topografie des Bauplatzes wirkt sich auf den Baukörper aus: Auch wenn es allgemein üblich ist, rechteckige Häuser parallel zum Hang auszurichten, lassen sich auch senkrecht zum Hang gestellte Häuser durchaus sehr reizvoll gestalten.

Häuser, deren lange Seite in Ost-West-Richtung verläuft, die somit eine lange Süd- und Nordkante haben, sollten nach Möglichkeit nicht zu tief geplant werden, da sie vor allem von Süden Licht erhalten. Aufenthaltsräume wie Wohn- oder Kinderzimmer, die sich ausschließlich nach Norden orientieren, sollte man möglichst vermeiden (vgl. die Anmerkungen zu den Himmelsrichtungen ab Seite 49), somit können sie hier nur auf der langen Südseite angeordnet werden. Auf den Seiten 60/61 finden Sie einige Varianten, wie sich ein Haus mit den Außenmaßen 13 Meter x 8,50 Meter grundrisslich gestalten lässt, in Abhängigkeit von der Lage des Eingangs und der Anordnung der Treppe.

Vergleichend haben wir auf den Seiten 58/59 einige Grundrisse für ein Haus mit den Außenmaßen 12,50 x 9,50 Meter durchgespielt, dessen lange Seite in Nord-Süd-Richtung angeordnet ist und das somit lange Fassaden nach Osten und Westen aufweist. Hier können Aufenthaltsräume auf beiden langen Seiten ausgerichtet werden, da beide im Tagesverlauf ausreichend besonnt sind, was die Grundrissgestaltung einfacher und flexibler macht. Auch hier spielen neben den Himmelsrichtungen die Lage des Zugangs sowie externe Faktoren wie Hangneigung, Aussicht und Schalleintrag wichtige Rollen bei der Grundrissgestaltung.

Je nach Grundstücksgeometrie und Umgebungsbedingungen kann es auch durchaus sinnvoll sein, das Haus als Kombination mehrerer Teilbaukörper zu organisieren. Zum Beispiel lässt sich mittels eines quer zum Hauptgebäude angeordneten Nebenbaukörpers ein geschützter Freibereich zweiseitig einfassen und vielleicht gleichzeitig von einer lauten Straße abschotten. Bei ebenerdiger Bauweise ist auch die drei- oder vierseitige Umbauung eines zentralen Atriums eine reizvolle Option, allerdings erfordert dies wie oben erwähnt ein relativ großes Grundstück.

DACHFORMEN UND -ÖFFNUNGEN

Die Volumetrie des Baukörpers und insbesondere die Dachform sind in den meisten Bebauungsplänen klar vorgegeben. Unabhängig von den planungsrechtlichen Regeln sollte die Gestalt des Hauses aber auch in Bezug stehen zu den umgebenden Häusern – und zu den baulichen Traditionen der Region. So sind in Oberbayern flach geneigte Dächer üblich, auf denen im Winter der Schnee gezielt liegen bleiben soll, in Württemberg hingegen steil geneigte Dächer, von denen der Schnee abrutschen kann.

Flache und geneigte Dächer

Flache Dächer passen auf jede Grundrissgeometrie, geneigte Dächer als Sattel-, Walm- oder Pultdächer eignen sich dagegen besonders gut für rechteckige Baukörper.
Diese Regel gilt zunächst einmal unabhängig von deren Seitenverhältnis, allerdings werden steil geneigte Dächer bei großen Gebäudetiefen sehr hoch und sind daher im Inneren nur mit großem Aufwand nutzbar. Kombinationen mehrerer Rechtecke können mit ineinander verschränkten geneigten Dächern versehen werden.

Während sich bei flachen und flach geneigten Dächern fast keine Einschränkungen bezüglich der Nutzbarkeit der unter dem Dach gelegenen Räume ergeben, erfordern stärker geneigte Dächer eine geschickte Planung. Zunächst ist im Bebauungsplan (oder, falls es keinen gibt, im Vergleich mit den umgebenden Häusern) zu prüfen, ob ein Kniestock (das ist ein Stück senkrechte Wand unter der Traufe im Dachgeschoss) zulässig und sinnvoll ist – und wenn ja, in welcher Höhe. Niedrige Kniestöcke eignen sich für die Kombination mit Dachgauben (siehe unten), unter höheren Kniestöcken lassen sich dank der dort verfügbaren Raumhöhen schon bestimmte Möbel wie Betten, Sideboards und niedrige Schränke anordnen.

Achten Sie darauf, dass Ihr Planer in den Grundrissen der Dachgeschosse immer die Linien darstellt, in denen das Dach einen beziehungsweise zwei Meter hoch ist – nur so haben Sie die Möglichkeit, sich (unter Zuhilfenahme der Schnitte) vorzustellen, wie viel Raum Ihnen unter der Dachschräge wirklich zur Verfügung steht.

Die günstigsten Dachformen

Mit einem Flachdach lässt sich praktisch jede Grundrissgeometrie abdecken. Die Abdichtungstechnik ist bei Flachdächern inzwischen so ausgereift, dass Probleme mit der Dichtigkeit weitgehend der Vergangenheit angehören.

Satteldächer (und Mansarddächer) lassen sich ab einer Mindestneigung von ca. 30 Grad gut als eigenes nutzbares Geschoss ausbauen. Die Belichtung erfolgt dann über die Giebelseiten und über Dachflächenfenster, Dachaufbauten oder -einschnitte.

Walmdächer und Zeltdächer sind ebenfalls ab einer Neigung von ca. 30 Grad gut ausbaubar – allerdings fehlt bei dieser Dachform die Giebelwand, daher muss die Belichtung hier ausschließlich über Verglasungen in der Dachebene oder in den Dachaufbauten erfolgen.

Pultdächer eignen sich besonders gut für den Aufbau von Solaranlagen, sofern ihre Neigung der Sonne zugewandt ist. Bei stärkerer Neigung (das heißt: über 25 Grad) lässt sich der Dachraum gut als eigenes Geschoss ausbauen.

Versetzte Pultdächer waren in den 1970er bis 1990er Jahren sehr populär, sind seither allerdings aus der Mode gekommen. Das ist bedauerlich, denn sie machen den Dachraum besonders gut ausbaubar, wenn der Versatz zur Belichtung genutzt wird.

Gauben oder Dachflächenfenster?

Ein wichtiges Kriterium für die Nutzung von Dachräumen ist deren natürliche Belichtung. Lässt sich diese (wie das meistens der Fall ist) nicht in ausreichender Weise über die Fenster der senkrechten Wände sicherstellen, müssen auch in die Dachfläche Öffnungen eingeschnitten werden. Dafür gibt es mehrere grundsätzliche Möglichkeiten:

Dachgauben und Querhäuser sind die traditionsreichste Methode zur Belichtung von Dachräumen. Sie haben einerseits den Vorteil, dass die darin verbauten Fenster senkrecht (nicht in der Dachneigung) angeordnet sind und somit auch im geöffneten Zustand nicht direkt dem Regen ausgesetzt sind, andererseits erweitern sie durch ihren Zuschnitt das Raumangebot. Gauben sind allerdings nur bei relativ stark geneigten Dächern (25 Grad oder steiler) und auch nur bei relativ niedrigen Kniestockhöhen bis maximal einen Meter (gemessen im Innenraum) sinnvoll einsetzbar, weil sonst aufgrund der Dachgeometrie die Fensterbrüstungen zu hoch werden.

Dacheinschnitte sind gewissermaßen umgekehrte Gauben, die als Terrassen in das Dach eingeschnitten werden. So kann der dahinterliegende Raum dreiseitig belichtet werden. Sie können gestalterisch sehr verträglich in Dachflächen integriert werden. Allerdings sind sie aufgrund der anspruchsvollen Entwässerung bautechnisch relativ aufwendig. Sie sind weitgehend unabhängig von der Höhe des Kniestocks anwendbar.

Dachflächenfenster sind durch konstante Innovation der Hersteller inzwischen technisch sehr ausgereift und können mit vielen zusätzlichen Funktionen (von außenliegendem Sonnenschutz bis zu ausklappbaren Balkonen) aufgewertet werden. Sie sind vom Raumgefühl her nicht so großzügig wie Gauben, ermöglichen aber auch eine Belichtung von Räumen mit hohen Kniestöcken sowie unter flach geneigten Dächern.

EINGANGSBEREICH UND TREPPEN

Vernachlässigen Sie bei der Planung nicht den Eingangsbereich. Er ist die Visitenkarte des Hauses und sollte daher besonders freundlich und einladend gestaltet sein. Wenn möglich, sollte der Eingangs- vom Wohnbereich durch eine Tür getrennt werden, zum Beispiel in Form eines Windfangs. Dies schafft eine klimatische Pufferzone, in der die Haustür auch im Winter für kurze Zeit offen stehen bleiben kann, ohne dass das Haus auskühlt, und vermeidet Zugerscheinungen zwischen kalter Außenluft und geheizter Raumluft.

Der Raum direkt hinter der Eingangstür sollte nicht zu knapp geschnitten sein, denn dort empfangen Sie Ihre Gäste und verabschieden sie später wieder. Das will man nicht in einem engen Flur tun, sondern lieber in einer geräumigen Diele, in der auch mal mehrere Menschen im Kreis stehen können. Auch ist es empfehlenswert, den Eingangsbereich mit möglichst viel natürlichem Licht zu versorgen, das ihn hell und freundlich erscheinen lässt: Wenn dort kein Platz für ein Fenster ist, ist auch ein Glasfeld über der Türe oder im Türblatt eine mögliche Alternative.

In unmittelbarer Nähe des Eingangs und der Diele sollte Platz für folgende Räume und Ausstattungsgegenstände sein:

- Gäste-WC mit Handwaschbecken (Letzteres kann auch vor dem WC angeordnet sein, dann kann es unabhängig benutzt werden, ohne das WC selbst zu betreten);
- Garderobe als Schrank oder Nische mit Kleiderstange oder Haken zum Aufhängen von Jacken und Mänteln, Regalen für Schuhe und Fächern oder Schubladen für Handschuhe, Mützen, Schals und Ähnliches;
- Sitzmöbel oder horizontale Fläche in Sitzhöhe zum Abstellen von Taschen und zum Hinsetzen, zum Beispiel für das Anziehen und Schnüren der Schuhe.

Vertikale Erschließung

Die Treppe ist viel mehr als der Weg vom einen ins andere Geschoss. Sie ist auch das wichtigste, oft das einzige Element, das die vertikale Verbindung im Haus herstellt und Blickbeziehungen zwischen den Geschossen ermöglicht. Dementsprechend kommt ihr neben der eigentlichen Funktion auch eine wichtige räumliche Bedeutung zu.

Die funktionalen Aspekte werden bestimmt von der Position der Treppe, die in allen erschlossenen Geschossen sinnvoll gewählt werden und in die Wegenetze innerhalb des Hauses eingebunden sein muss.

Eine Treppe, die im Brandfall als Fluchtweg dienen muss – was in Einfamilienhäusern fast immer der Fall ist –, darf nicht weniger als 80 Zentimeter lichte Breite zwischen den Geländern und Handläufen aufweisen. Treppengeländer müssen 90 Zentimeter hoch sein (bei Absturzhöhen über 12 Metern – in Wohnhäusern selten – beträgt die Mindesthöhe sogar 120 Zentimeter). Mindestens auf einer Seite der Treppe ist ein Handlauf erforderlich, der in einer Höhe zwischen 80 und 120 Zentimetern montiert sein muss – üblicherweise wird er auf der Oberkante des Geländers auf 90 Zentimetern Höhe angebracht.

Gewendelte (im Grundriss gebogene) Treppen können aufgrund ihrer konisch zulaufenden Stufen bei guter Planung zwar sehr platzsparend ausgebildet werden, sind aber meist erheblich weniger leicht und intuitiv begehbar als gerade oder abgewinkelte Treppen mit rechteckigen Stufen. Dies macht sich insbesondere dann bemerkbar, wenn Menschen mit eingeschränkter Mobilität oder eingeschränktem Sehvermögen sie benutzen müssen. Auch der Transport von sperrigen Gegenständen ist umso einfacher, je gerader die Treppe organisiert ist.

WOHNRÄUME

Wenige Räume werden von verschiedenen Menschen so unterschiedlich genutzt wie Wohnräume. Noch vor wenigen Jahrzehnten war fast jedes Wohnzimmer mit einer Sitzgruppe aus Sofas und Sesseln und einer möglichst breiten Schrankwand möbliert, in der neben dem Fernseher meist Platz für Bücher, eine Vitrine und oft auch eine Hausbar vorhanden war. Heute findet der Medienkonsum meist individuell und mittels tragbarer Geräte statt, daher haben sich in vielen Familien die gemeinschaftlichen Aktivitäten in den Essbereich verlagert – nicht wenige Wohnungen kommen inzwischen ganz ohne ein „klassisches" Wohnzimmer aus.

Wie wohnen Sie?

Insofern lohnt es sich, im Vorfeld ausführlich darüber nachzudenken, wie Sie Ihren Wohnbereich nutzen wollen. Wollen Sie dort vor allem Filme sehen, auf einem großen Bildschirm oder aus dem Beamer, und Musik hören, die aus einer Hifi-Anlage kommt? Oder soll dort gemütliche Geselligkeit innerhalb der Familie oder mit Gästen Platz finden? Im ersteren Fall sitzt man eher nebeneinander auf dem Sofa und schaut oder hört in dieselbe Richtung, im zweiten sollten die Sitzmöglichkeiten besser über Eck oder gegenüber angeordnet sein.

Von der Nutzung hängt auch ab, welche Möbel neben den Sitzgelegenheiten im Wohnbereich vorhanden sein sollten. Brauchen Sie ein Regal für Bücher, Musik-CDs und DVDs, oder soll die Wand lieber frei bleiben als Projektionsfläche? Soll ein Klavier oder gar ein Flügel Platz finden – und wenn ja: Wie viel Raum soll in dessen Umgebung für weitere Musizierende verfügbar sein? Für Gemeinschaft und Kommunikation ist eine gute Belichtung durch Fenster wünschenswert, wenn Sie den Raum häufig tagsüber nutzen. Haben Sie hingegen vor allem am Abend Gäste, spielt das keine so große Rolle. Möchten Sie den Wohnraum vorrangig als Heimkino nutzen, erweist sich Tageslicht hingegen als eher störend und muss durch angemessene Abdunklung (mittels Vorhängen oder außenliegendem Sonnenschutz) herausgehalten werden.

Wohin mit dem Esstisch?

Der zentrale Ort für das Familienleben ist und bleibt der Esstisch. Dort findet auch jenseits des traditionellen „Wohnens" Gemeinschaft statt. Hier versammelt man sich zum Essen, aber auch zum Beispiel zu Brettspielen und zu Gesprächen. Auch die Arbeit hat auf dem Esstisch ihren Platz: Kinder machen dort Hausaufgaben, und auch die Laptops der Erwachsenen sind (dank WLAN) oft dort zu finden. Daher sind Esstische oft ziemlich groß – dann kann man dort auch dann essen, wenn parallel dazu andere Dinge gemacht werden.

Es versteht sich von selbst, dass der Esstisch in der Nähe der Küche stehen sollte. Weniger allgemeingültig ist die Empfehlung, dass ein Esstisch viel natürliches Licht haben, also nicht weit entfernt von den Außenwänden in der Dunkelzone des Hauses verortet sein sollte. Da er regelmäßig und häufig über den ganzen Tag genutzt wird, ist das Tageslicht hier viel wichtiger als im Wohnbereich, der üblicherweise eher am Abend frequentiert wird. Auch sollte kein Essbereich ohne reichliche Möglichkeiten zur Ablage und Lagerung von Geschirr, Besteck und sonstigen Utensilien auskommen müssen, damit diese nicht immer aus der Küche dorthin getragen werden müssen.

Verbindung nach draußen

Ein wichtiges Qualitätskriterium für den Wohnbereich im Einfamilienhaus ist die Verbindung zum Garten. Fast immer ist der Garten aus dem Haus durch den Wohn- und Essbereich zugänglich, dadurch steht er allen Hausbewohnern gleichermaßen zur Verfügung. Ob der Übergang besser vom Wohnraum oder aus dem Ess- und Küchenbereich erfolgt, hängt von den Nutzungspräferenzen der Bewohner ab: Die meisten Familien essen gerne im Freien, wann immer das Wetter dies ermöglicht – dafür sind kurze Wege und direkte Verbindungen von der Terrasse in die Küche sinnvoll. In manchen Grundrissdispositionen (und besonders gut bei Häusern, die für Hanggrundstücke geplant werden) ist es auch möglich, verschiedene Bereiche des Gartens aus verschieden genutzten Räumen zu erschließen, zum Beispiel die gemeinschaftliche Familienterrasse vom Essplatz aus, eine Spielwiese von den Kinderzimmern und einen eher ruhigen Rückzugsbereich vom Arbeitsraum oder dem Schlafzimmer der Erwachsenen aus.

KÜCHEN

Bis ins frühe 20. Jahrhundert hinein war die Küche für viele Familien der zentrale Wohnraum. Der Bedeutungswandel der Küche hin zu einem nutzungsoptimierten und auf die Mindestgröße geschrumpften Funktionsraum begann in den 1920er-Jahren und prägte bis in die 1980er-Jahre den öffentlichen und den privaten Wohnungsbau. Seitdem hat die Wertschätzung der Küche auch als Wohnraum wieder zugenommen.

Als Wohnküche oder integriert in einen offenen Wohn-Ess-Bereich spielt die Küche im heutigen Familienleben wieder eine zentrale Rolle, die weit über ihre eigentliche Funktion hinausgeht: Hier wird nicht mehr alleine, sondern auch in Gesellschaft gekocht und auch gegessen, hier trifft sich die Familie am Kühlschrank oder an der Kaffeemaschine, die Kinder machen ihre Hausaufgaben am Küchentisch … Kurz: Hier findet ganz informell ein großer Teil des familiären Alltags und des gemeinschaftlichen Lebens statt.

Küche clever platzieren

Was muss bei der Platzierung der Küche im Grundriss beachtet werden? Die Küche sollte in der Nähe eines Hauseingangs liegen, damit die eingekauften Lebensmittel auf kurzem Weg an ihre Lagerorte gebracht werden können. Noch wichtiger ist die Nähe zum Esstisch. Auch in den Garten oder auf die Terrasse sollte es nicht allzu weit sein, denn auch dort essen und trinken wir gerne gemeinsam. Die Küche selbst muss selbstverständlich gut funktional geplant sein, damit die Haushaltsarbeit so leicht wie möglich von der Hand geht. Gleichzeitig bietet sie viele Möglichkeiten für individuelle Gestaltung und den Ausdruck Ihrer ganz eigenen Vorstellungen vom Wohnen.

Die erste Entscheidung über Ihre neue Küche haben Sie bereits im Rahmen der grundlegenden Planung getroffen: Bevorzugen Sie eine abgetrennte Küche, deren Türe man schließen kann, die dann vom Wohnbereich aus unsichtbar ist – oder ist Ihnen die funktionale Effizienz Ihres Hauses oder die Tä-

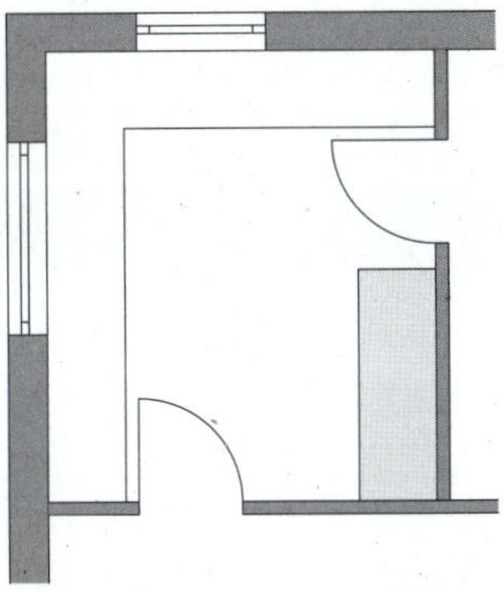

Über Eck angeordnete Küchen eignen sich besonders für Räume mit mehreren Türen und Fenstern in mehrere Richtungen. Für die schlecht zugänglichen Eckschränke bieten viele Möbelsysteme intelligente Lösungen.

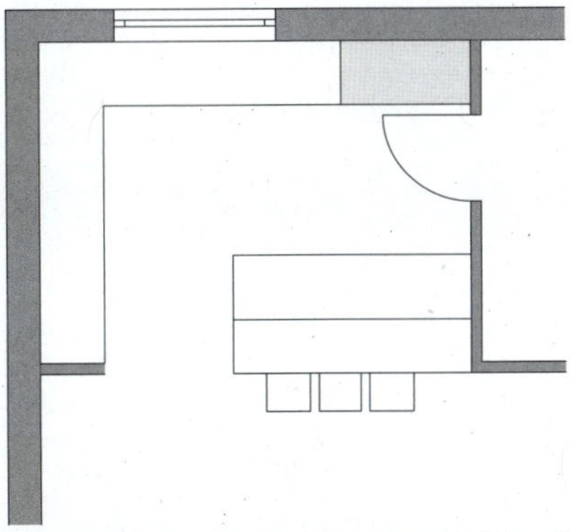

Bei offenen Küchen kann ein höheres Element zwischen Koch- und Essbereich einen gewissen Einblickschutz bieten, falls gewünscht – und vom Essbereich aus als Frühstücksbar verwendet werden.

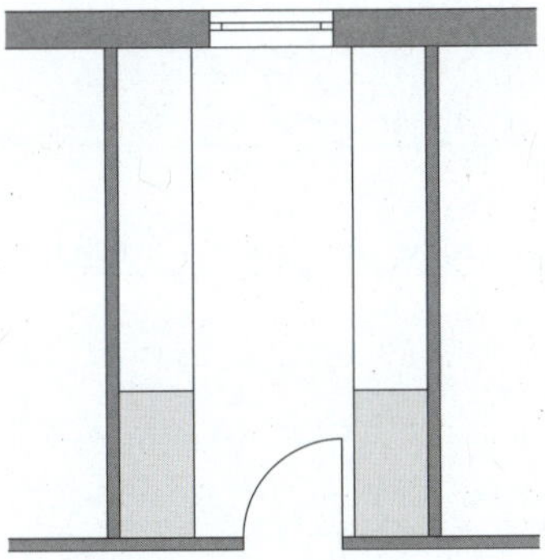

Reine Zeilenküchen sind gut nutzbar, insbesondere durch nur eine Person, und vermeiden das Problem der Zugänglichkeit von Eckschränken. Allerdings wirken Sie wenig wohnlich.

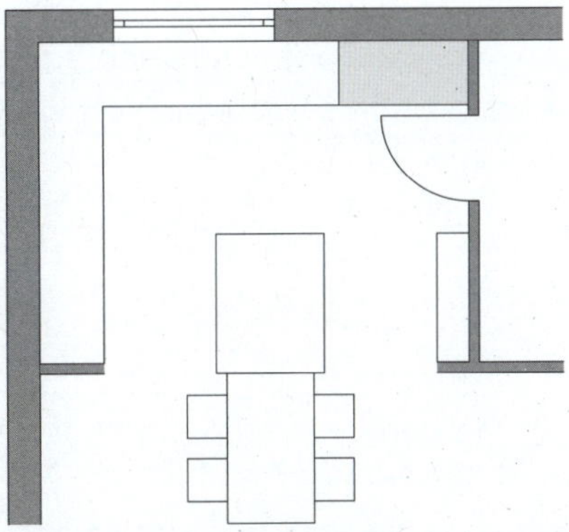

Küchen mit zentralen Inseln sind sehr beliebt, weil darin sehr gut mehrere Personen gemeinsam vorbereiten und kochen können.

tigkeit des Kochens selbst so wichtig, dass die Küche auch räumlich mitten im Wohnbereich gelegen und von dort auch gut sichtbar sein soll? Diese Entscheidung hat großen Einfluss nicht nur auf die Anordnung der Küche im Haus, sondern auch auf den Anspruch, den man bei ihrer Gestaltung walten lässt.

Größe und Form der Küche

Ist diese grundlegende Entscheidung gefallen, gilt es, die Größe und gewünschte Form der Küche festzulegen. Zur Größe hat sich die Faustformel bewährt, dass je Haushaltsmitglied mindestens 60 Zentimeter verfügbare Arbeitsplattenlänge vorhanden sein sollte: für eine fünfköpfige Familie wären dies drei Meter, wobei die Breiten von Spüle und Herd sowie von raumhohen Elementen zu dieser Länge noch hinzugerechnet werden müssen.

In kleinen Räumen oder auch am Rand von mehrfach genutzten Bereichen wie Wohnküchen findet man die Küchengeräte häufig in einzeiliger Anordnung. Diese einfachste mögliche Organisation eignet sich besonders gut für Minimalküchen in kleinen Apartments. Sie ist zwar auch in größeren

Räumen kostengünstig zu erstellen, führt aber bei langen Küchenzeilen zu relativ weiten Wegen zwischen den Geräten und somit zu wenig ökonomischem Arbeiten.

Die seit der Konzeption der sogenannten Frankfurter Küche durch Margarete Schütte-Lihotzky üblichste Anordnung innerhalb von abgetrennten Küchen ist die zweizeilige Küche. Sie ist effizient und platzsparend und eignet sich besonders gut für länglich geschnittene Räume. Allerdings hat dieses Layout wenig räumliche Qualitäten und bietet keine guten Voraussetzungen für das gemeinsame Kochen mehrerer Personen. Der Abstand zwischen den Zeilen sollte nicht kleiner als 1,20 Meter sein, damit es möglich ist, bequem an geöffneten Türen von Unterschränken oder einer offenen Spülmaschine vorbeizugehen. Abstände von deutlich mehr als 1,20 Meter (sofern diese aufgrund der Raumdimension überhaupt möglich sind) mögen zwar räumlich reizvoll sein, erhöhen aber den Zeit- und Arbeitsaufwand, wenn immer wieder Dinge zwischen den Zeilen hin- und hergetragen werden müssen.

In Räumen, deren Proportion sich eher dem Quadrat annähert, werden die Küchenzeilen häufig über Eck angeordnet. Dies erleichtert das parallele Arbeiten an mehreren Vorgängen, erzeugt aber gleichzeitig das Problem der Zugänglichkeit der Unterschränke in der Ecke. Hierfür haben sich die Hersteller von Küchensystemen inzwischen viele gut funktionierende Lösungen einfallen lassen. Eine über Eck angeordnete Einbauküche kann einen guten räumlichen Rahmen für einen zentralen Küchentisch bieten und eignet sich daher besonders gut für Wohnküchen, in denen regelmäßig gegessen wird.

Alternativ kann dieses zentrale Element auch mit Funktionen der Küche wie Herd oder Arbeitsplatte belegt werden: man spricht dann von einer Kücheninsel. Diese eignet sich sehr gut für gemeinsames Arbeiten mehrerer Personen, die sich rund um die Insel versammeln können. Umstritten ist, ob sich Inseln besser für das eigentliche Kochen am Herd eignen (was meist dazu führt, dass eine Abzugshaube über der Insel angebracht werden muss) oder für die Vorbereitung des Kochguts, zum Beispiel das Schneiden und Präparieren von Gemüse und Fleisch. Schwierig ist hingegen aufgrund der Leitungsführung die Platzierung einer Spüle auf der Insel. Küchen mit zentralen Inseln eignen sich besonders gut für abgeschlossene Räume, lassen sich bei ausreichender Raumgröße aber auch mit Esstischen kombinieren und zur Wohnküche erweitern.

Maße von Einbauküchen

Ist die Entscheidung für die Form gefallen, geht es an die Planung der eigentlichen Küche. Übliche Einbauküchen bestehen aus Unterschränken, Oberschränken sowie raumhohen Elementen. Raumhohe Elemente eignen sich besonders gut für die Unterbringung von Kühlschränken, für die Aufbewahrung langer Gegenstände wie Besen, Leitern und Ähnlichem sowie für die Lagerung von Vorräten (zum Beispiel in Ausziehschränken, die auch als Apothekerschränke bezeichnet werden). Auch Öfen, Mikrowellen, Dampfgarer und Ähnliches werden gerne in raumhohe Küchenschränke eingebaut, dann lassen sich die Speisen während des Backvorgangs entspannt und ohne Bücken beobachten.

Unterschränke sind – passend zu den Systemabmessungen von gängigen Haushaltsgeräten – üblicherweise 60 Zentimeter tief. Wenn im Zuschnitt des Raums genügend Platz vorhanden ist, kann auch eine größere Tiefe von 70 bis 80 Zentimetern sinnvoll sein, dann lässt es sich durch die zusätzliche Abstellfläche im hinteren Bereich der Arbeitsplatte entspannter arbeiten.

Oberschränke sind hingegen mit 30 bis 40 Zentimetern weniger tief als Unterschränke. Die geringere Tiefe bietet Kopffreiheit beim Arbeiten und ein großzügigeres Raumgefühl. Außerdem müsste in tieferen Oberschränken das Geschirr in in mehreren Schichten hintereinander stehen, was meist als lästig empfunden wird. Ein weiterer Vorteil von Oberschränken liegt darin, dass sich auf ihrer Unterseite mit wenig Aufwand Lichtbänder zur Beleuchtung der darunter gelegenen Arbeitsflächen anbringen lassen.

Die wichtigsten Geräte und ihre Anforderungen

Der Herd als Ort der Zubereitung der Speisen ist der Nachfolger der offenen Feuerstelle und damit traditionell die Mitte der Küche. Heute werden die meisten Herde elektrisch betrieben, Gasherde mit offenen Flammen sind selten geworden. Ceranfelder und Induktionsflächen haben sich weitgehend durchgesetzt. Da der Herd im Alltag seltener genutzt wird als die Spüle und die Arbeitsfläche, muss er nicht unbedingt auch räumlich die Mitte der Küche markieren.

Über dem Herd sollte ein Dunstabzugsgerät vorgesehen werden, das den beim Kochen entstehenden Dampf und die Gerüche direkt am Ort ihrer Entstehung abzieht und durch Filter führt, bevor sie in den Raum gelangen. Dieses haubenförmige Gerät kann frei hängend oder auf der Unterseite eines Oberschranks angebracht werden. Seit einigen Jahren sind auch Geräte im Angebot, die sich neben oder hinter dem Herd aus der Arbeitsfläche klappen lassen und die Dämpfe nach unten einsaugen. Da die Abluft aufgrund der hohen Anforderungen an die energetische Effizienz und die Luftdichtigkeit von Gebäuden meist nicht mehr direkt nach außen abgeleitet werden kann, funktionieren die meisten Abzugsgeräte heute nach dem Umluftprinzip.

Der Ofen war früher meist in baulicher Einheit direkt unter dem Herd angeordnet. Da kombinierte Geräte relativ günstig zu haben sind, sind sie immer noch häufig in Küchen zu finden. Allerdings spricht einiges dafür, den Ofen nicht unter dem Herd, sondern in einem hohen Schrank unterzubringen: Dann können Sie den Kuchen, Braten oder das Gratin nicht nur einfach in den Ofen hinein- und auch wieder herausbekommen, sondern auch während des Backvorgangs durch das Fenster gut unter Kontrolle behalten. Da beim Backen hohe Temperaturen auftreten, sollte der Ofen möglichst nicht direkt neben dem Kühlschrank angeordnet werden.

Der Kühlschrank spielt insofern eine besondere Rolle, als er sowohl Teil der Küche (als Aufbewahrungsort vieler Speisen) ist, als auch zum Wohnbereich gehört, da dort auch die Getränke gekühlt und gelagert werden. Sein optimaler Platz ist daher am Übergang zwischen der Küche und dem Ess- und Wohnbereich. Wenn möglich, sollte der Kühlschrank nicht unter der Arbeitsplatte, sondern in einem Hochschrank angeordnet werden: Dann muss man sich nicht bücken, um seinen Inhalt zu erreichen, und kann den Vorrat an Lebensmitteln und Getränken und deren Zustand besser im Auge behalten.

Die Spüle ist neben Kühlschrank, Herd und Ofen ein zentraler Ort in der Küche. Dort werden nicht nur Speisen gewaschen und fürs Kochen vorbereitet, dort spülen Sie auch alles Geschirr, das für die Spülmaschine zu sperrig oder sonst nicht geeignet ist. Die Spüle sollte daher sowohl in der Nähe der Abwasserleitung als auch im Zusammenhang mit der Spülmaschine angeordnet werden. Zwei Spülbecken sind in einer Familienküche unerlässlich, damit mehrere Tätigkeiten parallel erledigt werden können, sinnvoll ist darüber hinaus ein kleiner zusätzlicher Ausguss zwischen den beiden Becken.

Die Geschirrspülmaschine braucht einen Platz, der in der Nähe sowohl der Spüle als auch der Geschirrschränke (zum effizienten Verstauen des frisch gespülten Geschirrs) gelegen ist. Ein Platz unter der Arbeitsplatte direkt neben der Spüle ist perfekt, damit schmutziges Geschirr nach dem Vorspülen von Hand auf kurzem Weg in die Maschine gestellt werden kann. Zudem ist es günstig, wenn die Spülmaschine Luft über sich hat, wenn nach dem Spülvorgang der Wasserdampf aus der Klappe entweicht. Da Spülmaschinen in gefülltem Zustand relativ schwer sind, sollte die Maschine möglichst direkt auf dem Boden stehen, auch sollte sie nicht weit von der Abwasserleitung entfernt sein.

Küchen kaufen

Die meisten Küchensysteme (insbesondere im mittleren bis hohen Preissegment) werden von spezialisierten Händlern vertrieben, die gleichzeitig qualifizierte Küchenplaner sind. Dort können Sie sich Ihre Küche individuell planen lassen, Ausstattung und Materialien auswählen und das Produkt am Ende bestellen. Diese Händler sorgen dann auch dafür, dass die gelieferten Küchenmöbel vor Ort eingebaut und die Geräte ans Stromnetz und die Wasserver- und -entsorgung angeschlossen werden.

Einige Anbieter von Systemmöbeln für Küchen (im unteren bis mittleren Preissegment) bieten im Internet Plattformen an, auf denen Sie sich Ihre Wunschküche (selbstverständlich aus den vom Anbieter hergestellten Produkten) selbst konfigurieren können. Eine geeignete Schreinerei kann noch spezifischer auf Ihre Wünsche eingehen, wenn sie nicht an bestimmte Möbelsysteme gebunden ist. Ein Nachteil der dadurch möglichen Individualität ist, dass manche Funktionen und Ausstattungsoptionen ausgefeilter Küchenmöbelsysteme für kleinere Handwerksbetriebe nicht verfügbar sind.

Vorrats- und Hauswirtschaftsräume

In alten Häusern findet sich oft angrenzend an die Küche ein kleiner Vorratsraum, der als Speisekammer bezeichnet wird. Er wurde früher bewusst an die Außenwand des Hauses und bevorzugt an der Nordseite angeordnet, damit er auch im Sommer kühl bleibt und als Zwischenstufe zwischen Kühlschrank und geheiztem Innenraum für die Lagerung verderblicher Lebensmittel genutzt werden kann. Aufgrund der heutigen hohen Anforderungen an die Wärmedämmung der Gebäudehülle lassen sich Speisekammern in diesem Sinn nur noch als Schränke oder Einbauten auf Balkonen umsetzen. Trotzdem kann ein solcher Raum als Abstellraum für haltbare Lebensmittel, Getränke und Utensilien aller Art auch dann überlegenswert sein, wenn er nicht nennenswert kühler ist als der Rest der Wohnung.

Es kann auch sinnvoll sein, die für weitere Hausarbeit wie Wäschepflege erforderlichen Arbeitsflächen und Hausgeräte (Waschmaschine und gegebenenfalls Wäschetrockner) nicht im Keller, sondern in der Nähe der Küche anzuordnen. Dann sind die Wege kurz und die Hausarbeiten können effizient erledigt werden. Solche Hauswirtschaftsräume sollten schon in einem frühen Planungsstadium ähnlich bewusst geplant werden wie die Küche selbst, da auch hier die Anschlüsse für Wasser und Strom am richtigen Ort sitzen müssen. Dort können auch alltägliche Haushaltshelfer wie Besen, Staubsauger, Leitern und Ähnliches, die in der Küche meist keinen Platz finden, gut in geeigneten (möglichst raumhohen) Schränken verstaut werden.

Wenn möglich, sollte man im Hauswirtschaftsraum neben dem erforderlichen (möglichst großen) Spülbecken für größere Reinigungsaktivitäten einen Bodeneinlauf einplanen. Sofern er vom Wohnbereich hinreichend abgetrennt ist (nach Möglichkeit durch eine oder – besser – mehrere Türen) oder auf einem anderen Geschoss liegt, können hier auch Bestandteile der Haustechnischen Anlage wie Heizbrenner, Warmwasserspeicher und Sicherungskästen ihren sinnvollen Platz finden.

ARBEITSRÄUME

Das Arbeiten in den eigenen vier Wänden gewinnt mit der zunehmenden Digitalisierung der Arbeitswelt immer mehr an Bedeutung. Wer von zu Hause aus arbeiten kann, braucht weniger Zeit und Geld zum Pendeln zwischen Wohnung und Arbeitsplatz und hat es leichter, private und berufliche Pflichten unter einen Hut zu bringen. Allerdings steht diese Option des Arbeitens vor allem denjenigen zur Verfügung, die sonst in Büros arbeiten und deren Tätigkeit sich auf einem üblichen Schreibtisch erledigen lässt.

Daher sollte das Nachdenken über den heimischen Arbeitsplatz mit der Frage beginnen, wie oft dieser genutzt werden soll: täglich, ein- bis zweimal in der Woche oder doch nur gelegentlich und eher selten? Davon hängt ab, wie viel Platz Sie dieser Nutzung in Ihrer Wohnung geben wollen und ob der Arbeitsplatz sich dem alltäglichen Leben unterordnen soll oder darin eine wichtige Rolle spielen darf.

Für die räumliche Anordnung eines Büroarbeitsplatzes im Haus gibt es verschiedene Möglichkeiten, die von den verfügbaren Flächen und Räumen abhängig sind. Optimal ist zweifellos ein eigener Raum, der nur dieser Nutzung dient. Falls dies aufgrund von Restriktionen beim Budget oder der baurechtlich genehmigungsfähigen Nutzfläche nicht möglich ist, kommt auch eine möglichst gut abtrennbare Fläche im Schlafzimmer in Betracht. Wenn Sie Erwerbsarbeit und Familienarbeit parallel erledigen müssen, auch im Bereich von Küche oder Essplatz.

Rechnen Sie damit, dass Sie am heimischen Arbeitsplatz auch Kollegen oder Kunden empfangen müssen, sollten Sie den Raum in der Nähe des Eingangs verorten, damit die Besucher auf dem Weg zu Ihnen nicht durch den Wohnbereich gehen müssen. Noch günstiger ist in diesem Fall ein eigener Eingang, sodass der Arbeitsbereich später, zum Beispiel nach dem Ende des Arbeitslebens, auch als eigene Einheit (im Sinne einer Einliegerwohnung) von der Hauptwohnung abgetrennt werden kann.

In jedem Fall müssen Sie bei der Auswahl und Konfiguration des Arbeitsplatzes einige Aspekte im Blick haben:

- Der Platzbedarf auf dem Schreibtisch hängt selbstverständlich stark von der Art der dort ausgeübten Tätigkeit ab: Muss dort nur ein tragbarer Computer oder ein Tablet abgelegt werden, wird dafür ein kleiner Tisch ausreichen, aber schon wenn nur einige Seiten im Format DIN A4 neben der Tastatur ausgelegt werden müssen, brauchen Sie einen größeren Tisch. Versuchen Sie, die Arbeitssituation auf einem anderen Tisch (etwa Ihrem Esstisch) zu simulieren, um ein Gefühl für den Platzbedarf zu bekommen. Denken Sie dabei auch daran, dass Akten und Bücher, die Sie zum Arbeiten brauchen, sowie Peripheriegeräte wie Drucker und Scanner zusätzlichen Platz in Regalen, Sideboards oder ähnlichen Möbeln benötigen.
- Wenn sich Ihr Arbeitsplatz nicht in einem eigenen Zimmer, sondern im Wohnbereich befindet und Sie ihn zu Zeiten nutzen, wo andere Familienmitglieder im Raum sind, sollte der Arbeitstisch in den Raum sehen können: Es ist sehr unangenehm und dem konzentrierten Arbeiten nicht förderlich, wenn sich das Familienleben buchstäblich hinter Ihrem Rücken abspielt.
- Achten Sie zusätzlich darauf, dass sich ein im Schlaf- oder Wohnbereich verorteter Arbeitsplatz nach Beendigung der Arbeit abgrenzen oder abdecken lässt, sodass Sie den Job für den Tag wirklich abschließen und hinter sich lassen können – und dass auch Ihre Kinder keine Möglichkeit haben, Ihre Unterlagen in Unordnung zu bringen.

- Jeder regelmäßig genutzte Arbeitsplatz sollte über eine gute, nutzungsgerechte Beleuchtung verfügen – in jedem Fall durch geeignetes elektrisches Licht, nach Möglichkeit auch zusätzlich durch natürliches Licht. Das elektrische Licht sollte möglichst blendungsfrei von oben, das Tageslicht von links (beziehungsweise bei Linkshändern von rechts) kommen, um eine Selbstverschattung beim Schreiben oder Zeichnen mit dem Stift zu vermeiden. Monitore sollten weder vor noch gegenüber einem Fenster stehen (im ersten Fall überstrahlt das Fenster den Bildschirm, im zweiten spiegelt es sich darin), sondern nach Möglichkeit im rechten Winkel zum Fenster, somit parallel zum Lichteinfall. Wenn Sie häufig per Videokonferenz kommunizieren, müssen Sie zusätzlich darauf achten, dass Ihr Gesicht im Blickfeld der Kamera gut beleuchtet und für die anderen Teilnehmenden sichtbar ist. Manche Tätigkeiten wie zum Beispiel die Bearbeitung digitaler Bilder erfordern darüber hinaus, dass der Arbeitsplatz abgedunkelt werden kann.
- Sehr wichtig ist darüber hinaus die Versorgung des Arbeitsplatzes mit Strom und gegebenenfalls mit einer Anbindung ans Internet (sofern Sie sich nicht ausschließlich auf drahtlose Netzwerke verlassen wollen). Sparen Sie hier keinesfalls an der Anzahl der Steckdosen und sehen Sie möglichst einen LAN-Zugang vor.

SCHLAF- UND INDIVIDUALRÄUME

Die Anforderungen an reine Schlafräume sind nicht hoch: Das Bett oder die Betten, die zugehörigen Nachttische und nach Möglichkeit ein Kleiderschrank müssen Platz haben, und es hat sich bewährt, Vorkehrungen für die Verdunklung der Fensteröffnungen vorzusehen. Damit die Möbel problemlos Platz finden und die Steckdosen für Leselampen, Radiowecker und Ähnliches am richtigen Ort vorhanden sind, sollte man die Möblierung vorab genau überdenken. Ziehen Sie dabei die Möglichkeit in Betracht, dass sich die Möblierung des Raums über die Jahrzehnte ändern kann: Menschen, die über viele Jahre mit dem Partner oder der Partnerin im selben Bett geschlafen haben, sehnen sich irgendwann nach mehr Bewegungsfreiheit ohne Störung durch Bewegungen oder Geräusche der Bettgenossen.

Anforderungen an Schlafräume

Im Schlafraum oder in unmittelbarer Nähe brauchen Sie in der Regel eine freie Wand mit ausreichend tiefer verfügbarer Fläche davor, um Kleiderschränke aufzustellen. Im Rahmen der Analyse Ihrer derzeitigen Wohnsituation haben Sie Ihre vorhandenen Schränke vermessen, jetzt müssen Sie nachdenken, wie viele laufende Meter Schrank Sie künftig brauchen werden. Wenn Sie dafür Platz haben, kann auch ein begehbarer Schrank (Schrankraum) eine sinnvolle Option sein. Dessen Steigerung ist dann ein eigens gewidmeter Ankleideraum – der nach Möglichkeit ein Fenster haben sollte, damit Sie ihn gut lüften und die Farben der Kleidung bei Tageslicht beurteilen können.

Reine Schlafräume werden in zeitgemäßen Häusern kaum noch gebaut. Üblicher ist heute eine Mehrfachnutzung, die einen Schlafraum auch tagsüber brauchbar macht, zum Beispiel für berufliche Arbeit, Hausarbeiten oder als Rückzugsraum aus dem Wohnbereich. Er wird damit gewissermaßen zum nutzungsneutralen Individualraum.

Kriterien für nutzungsneutrale Individualräume

- Um für ein Ehebett nebst Kleiderschrank Raum zu bieten, aber auch einem Kind neben Bett und Arbeitstisch ausreichend Platz zum Spielen vorzuhalten, sollte ein solcher Raum nicht unter 14 Quadratmeter groß sein.
- Die Nutzbarkeit des Raums wird umso besser, je mehr sich seine Geometrie dem Quadrat annähert – stark längliche Räume (die meistens das Fenster auf der kurzen Seite haben) sind schwer möblierbar und können nur bedingt als Arbeits- oder Kinderzimmer gebraucht werden.
- Für die Nutzung als Arbeits- und Kinderzimmer spielen eine gute, gleichmäßige Versorgung mit Tageslicht und insbesondere ein funktionierender Sonnen- und Blendschutz eine wichtige Rolle.
- Die Elektroinstallation des Raums muss die verschiedene Nutzungsszenarien mit Licht und Strom versorgen können: Lassen Sie Ihren Planer verschiedene Optionen durchspielen und sparen Sie nicht an Schaltern und Steckdosen, die Sie sonst bei einem späteren Möblierungswechsel teuer nachrüsten lassen müssten.

BÄDER RICHTIG PLANEN

Ähnlich wie die Küche entwickelt sich auch das Bad immer weiter vom nutzungsoptimierten, auf die Mindestgröße geschrumpften Funktionsraum hin zum Wohlfühlbereich, der neben der grundlegenden Körperpflege auch Angebote für die sogenannte Wellness macht. Nicht selten finden sich im Bad neben den üblichen Sanitärgegenständen auch Fitnessgeräte oder große Topfpflanzen.

Da Bäder aufgrund ihrer Ausrüstung mit Sanitärgegenständen und der Oberflächen (meist Fliesen) relativ teure Räume sind, ist ihre Anzahl und Ausstattung stark abhängig vom für den Hausbau verfügbaren Budget. Neben dem zentralen Bad sollte jedes Haus zumindest ein räumlich unabhängiges WC für Besucher haben. Wenn Kinder im Haus wohnen, aber auch, wenn regelmäßig Gäste zu Besuch kommen, empfiehlt sich darüber hinaus ein weiterer Sanitärraum mit einer Dusche. Wenn der Hausbau unter finanziellem Druck steht, kann es auch eine Option sein, im Grundriss Räume vorzusehen, die dann nachträglich als weitere Bäder oder Duschräume ausgebaut werden können. Damit dieser spätere Ausbau nicht unnötig teuer wird, sollten die Leitungen allerdings schon im ersten Bauabschnitt zu diesem Raum hin verlegt werden.

Im Sinne des kosteneffizienten Bauens sollten Sanitärräume aller Art (neben Bädern auch Küchen, Hauswirtschaftsräume und Ähnliches) im räumlichen Verbund, also nah beieinander angeordnet sein – vor allem in den verschiedenen Geschossen am selben Platz, sprich: über- und untereinander. Dies verkürzt die Leitungslängen und macht zudem auch die spätere Wartung einfacher.

Mindestens ein Waschtisch und meist ein WC sind die Grundausstattung eines Bades. Aber schon an der Frage, ob eine Dusche oder eine Badewanne wichtiger ist, scheiden sich die Geister: Für manche Bauherren hat eine komfortable Dusche die höchste Priorität, andere können sich nicht vorstellen, jemals ohne eine Badewanne zu wohnen. Wenn der Platz und das Budget es Ihnen möglich machen, beides vorzusehen, ist das die salomonische Lösung. Zweiter Waschtisch, Bidet, Duschkopf mit Regensimulation, Duschstangen, die Nebel ausstoßen – der Besuch in der Sanitärausstellung zeigt, was heute so alles möglich ist.

Die Badausstattung

Im Folgenden haben wir einige Informationen zusammengestellt, die Sie bei der Auswahl und Konfiguration von Sanitärgegenständen unterstützen sollen.

Der zentrale und meistbenutzte Gegenstand in jedem Bad ist der Waschtisch. Um sich für alle alltäglichen Verrichtungen wie Gesichtswäsche, Zähneputzen und Rasur uneingeschränkt zu eignen, sollte ein Einzelwaschtisch mindestens 40 Zentimeter tief und 60 Zentimeter breit sein. Über dem Waschtisch ist ein Spiegel zwingend erforderlich, ebenso eine helle und blendfreie Beleuchtung. Wenn der Waschtisch auch von Rollstuhlfahrern genutzt werden soll, müssen Sie ein speziell dafür geeignetes Sanitärobjekt auswählen, das ausreichend Raum zum Manövrieren unter dem Waschtisch zur Verfügung stellt.

Auch die WC-Schüssel gehört in jedem Bad zur Grundausstattung. Wenn das WC für eine barrierearme Nutzung durch bewegungseingeschränkte Menschen geeignet sein soll, empfiehlt sich eine relativ hohe Anbringung. Für die Nutzung durch Rollstuhlfahrer ist es erforderlich, auf mindestens einer (besser beiden) Seiten des WCs ein Stück Wand freizuhalten, das genügend breit ist, um mit dem Rollstuhl rückwärts neben das WC zu fahren und sich von dort seitlich auf das WC zu schieben. Dabei helfen klappbare Handgriffe, auf denen auch der Spender für das WC-Papier befestigt werden kann.

Duschen wurden in der Vergangenheit stets als Wannen gebaut, um einen sicheren Abfluss zu gewährleisten. Heute ist es in Neubauten weitgehend üblich, ebenengleiche geflieste Duschen einzubauen, deren Wasser durch Bodenabläufe abgeleitet wird. Dies ist auch die wichtigste Voraussetzung für eine barrierefreie Nutzung, da man solche Duschen schwellenlos begehen und bei ausreichender Größe auch mit dem Rollator oder einem Rollstuhl befahren und somit benutzen kann. Ob das Wasser aus einem konventionellen Duschkopf kommen soll, der höhenverstellbar an einer Stange befestigt ist, oder aus einer an der Decke montierten Regendusche, ist abhängig von Ihren Vorlieben und vom verfügbaren Budget.

Während früher fast jede Wohnung eine Badewanne enthielt, in der auch geduscht werden konnte, gehört diese mit der zunehmenden Verbreitung von abgetrennten Duschen inzwischen nicht mehr zur Grundausstattung. Wenn Sie trotzdem gerne Vollbäder genießen wollen, sollten Sie auf ausreichende Dimensionen (vor allem eine Ihrer Körpergröße angemessene Länge) der Wanne achten. Wannen sind neben ihrem eigentlichen Zweck auch nützlich für die gründliche Reinigung sperriger Gegenstände.

Zumindest ein Sanitärraum Ihres künftigen Hauses sollte den räumlichen Anforderungen an eine barrierefreie Nutzung genügen. Sie müssen dieses Bad nicht von Anfang an mit allen Gegenständen ausstatten, die es mit Rollstuhl und Rollator benutzbar machen, aber eine spätere Nachrüstung dieser Ausstattung sollte möglich sein. Der Platz, der als Bewegungsfläche der genannten Hilfsmittel benötigt wird, bietet einstweilen zusätzliche Stellflächen für Möbel.

DER EINGANGSBEREICH

Auf Seite 51 haben wir bereits die wichtigsten Aspekte zur Erschließung von Häusern behandelt. Doch der Vorbereich des Hauses muss auch über den Zugangsweg hinaus noch einige weitere Zwecke erfüllen, die Sie bereits bei der Planung im Blick haben sollten. Dies sind – neben der Parkierung für Autos und Fahrräder– vor allem folgende Funktionen:

Der Hauseingang und auch der Weg dorthin müssen gut beleuchtet sein. Dies dient nicht nur der Auffindbarkeit Ihres Hauses, sondern auch der Verkehrssicherheit. Steht das Haus nahe an der Straße und öffnet sich auch die Eingangstür direkt dorthin, genügt meist eine einzelne Leuchte neben oder über dem Eingang, die sinnvollerweise auch gleich die Hausnummer lesbar illuminiert. Ist hingegen ein tiefer Vorgarten vorhanden oder ist die Haustür nicht zur Straße hin orientiert, muss auch der Zugangsweg mit genügend Licht versorgt werden, damit Besucher den Weg zur Haustür finden und nicht ins Stolpern kommen. Dafür sind niedrige Leuchten (zum Beispiel integriert in wegbegleitenden Pollern) besonders gut geeignet. Die Steuerung erfolgt entweder über einen Bewegungsmelder oder über Wechselschalter, die sich am Grundstückszugang und am beziehungsweise im Haus befinden.

Eine funktionierende Überwachung des Zugangs zu Ihrem Haus kann im ländlichen Umfeld gänzlich überflüssig sein, im städtischen Kontext hingegen eine wichtige Rolle spielen. Zunächst braucht jedes Haus eine Klingelanlage, mit der sich Besucher bei den Bewohnern bemerkbar machen können. Je nachdem ob sich die Klingel direkt an Ihrer Haustür befindet oder an der Grundstücksbegrenzung, sollten Sie darüber nachdenken, wie Sie feststellen können, wer Einlass begehrt. Ein transparentes Glasfeld in oder neben Ihrer Haustür kann eine Möglichkeit sein. Diskreter ist ein Türspion, durch den Sie den Besucher sehen können, ohne selbst gesehen zu werden. Die konsequentere Lösung ist eine externe Kamera, die von Anbietern professioneller Klingelanlagen als ergänzendes Modul angeboten wird. Beides kann auch in einen Zaun oder eine Begrenzungswand integriert werden, falls der Zugang von der Haustür aus nicht vollständig übersichtlich ist.

Auch im Zeitalter von E-Mail hat der Briefkasten noch nicht vollständig ausgedient. Er kann, je nach Situation und Geschmack, in die Hauswand oder Grundstücksabgrenzung integriert oder aber freistehend im Vorgarten angeordnet werden. Wenn Sie häufig Pakete erhalten, aber tagsüber selten zu Hause sind, kann es darüber hinaus sinnvoll sein, im Vorbereich oder auf der Seite des Hauses eine Packstation vorzusehen, wo die Paketboten ihre Fracht abstellen können.

Man steht nicht gerne vor der Tür im Regen, weder als Besucher, der eben geläutet hat, noch als Hausbewohner, der in seiner Tasche nach dem Schlüssel sucht. Es hat sich daher bewährt, dass Hauseingänge außen durch ein Vordach vor direktem Regen geschützt werden – dies erhöht auch die Lebensdauer der Tür. Das Vordach kann entweder harmonisch in den Baukörper integriert sein (zum Beispiel durch einen Vorsprung des Obergeschosses über den Eingangsbereich) oder als eigenes Bauteil an die Wand gehängt beziehungsweise vor die Wand gestellt werden. Auch eine Kombination mit Briefkasten, Klingelanlage und Eingangsbeleuchtung ist möglich.

Es hat sich bewährt, in der Nähe des Hauseingangs eine halbhohe horizontale Oberfläche wie zum Beispiel eine Sitzbank oder ein kleines Sitzdeck einzuplanen. Dort kann man sich und den Kindern die Schuhe schnüren, Taschen und Pakete ablegen, aber auch einfach sitzen und auf andere Familienmitglieder warten. Dies kann ein freistehendes Möbel sein, lässt sich aber natürlich auch gut gestalterisch in die Hauswand integrieren oder mit den essenziellen Funktionen Briefkasten und Klingel- und Sprechanlage kombinieren.

Häufig vergessen werden die Standorte für Mülltonnen, die ebenfalls in der Nähe der Straße und nicht weit vom Hauseingang (oder – sofern vorhanden – vom Kücheneingang) angeordnet sein sollten. Mit der zunehmenden Differenzierung von Entsorgungswegen – neben dem Restmüll gibt es fast flächendeckend ergänzende Systeme zur Abfuhr von Verpackungen, Bioabfall und Altpapier – werden diese Räume immer größer, Sie sollten daher etwas mehr Fläche oder Volumen vorsehen, als Sie aktuell benötigen. Ein geeigneter Ort für die Abfallsammlung sind Garage oder Carport.

Ein weiterer wichtiger Funktionsträger, der häufig unterschätzt wird, ist die Hausnummer. Sie bestimmt die Auffindbarkeit Ihres Hauses, nicht nur für Besucher und Lieferdienste, sondern auch im Notfall: Wenn Sie den Notarzt gerufen haben, sollte dieser nicht wertvolle Zeit verlieren, weil er Ihr Haus nicht gleich findet. Die Hausnummer muss daher von der Straße bei Tag und Nacht deutlich sichtbar und lesbar sein, das heißt ausreichend groß ausgebildet und auch beleuchtet werden.

DEN GARTEN PLANEN

Bei der Gestaltung des Hausgartens kommt es darauf an, welche Vorstellungen von der Nutzung der verfügbaren Grundstücksfläche Sie im Rahmen der Bedarfsermittlung formuliert haben. Auch für die Outdoor-Wohnbereiche können Sie problemlos ein Drehbuch erstellen, in dem Sie Szenarien für die geplante Nutzung formulieren.

Daraus lässt sich dann schon die Lage der Aufenthaltsbereiche entwickeln: Wenn die Terrasse vorrangig zum Essen genutzt werden soll, ist ihr richtiger Platz in der Nähe von Küche und Essplatz. Wollen Sie sich dort eher in Hängematte oder Liegestuhl erholen, ist der Bezug zum Wohnbereich wichtiger. Für sportliche Aktivitäten wie das Spielen von Fußball oder Tischtennis eignet sich die Nähe zum Kinderbereich.

Es liegt auf der Hand, dass bei der Planung des Gartens die Topografie eine entscheidende Rolle spielen muss. Ebene Gärten sind auf den ersten Blick einfacher zu nutzen und auch zu gestalten, andererseits bietet eine Hanglage viele reizvolle Möglichkeiten zur Gliederung des Gartens in verschiedene Ebenen und „Räume" und die Chance, an Höhenversätzen besondere Nutzungsoptionen wie Sitzgelegenheiten auf Gartenmauern, Spielgeräte für Kinder und so weiter anzuordnen.

Versickerungsflächen nicht vergessen

Die Versiegelung der Oberflächen Ihres Grundstücks sollten Sie auf ein funktional notwendiges Minimum begrenzen. Dies nützt nicht nur dem Wasserhaushalt Ihres Wohnorts und dem Kleinklima im Umfeld Ihres Hauses, sondern ermöglicht Ihnen Einsparungen bei kommunalen Gebühren für die Ableitung von Regenwasser.

Für die Bereiche im Vorgarten und Garten, die Sie entweder zum Aufenthalt im Freien oder als Wege und Einfahrten nutzen wollen, gibt es verschiedene Möglichkeiten, die auch auf befestigten Flächen ein gewisses Maß an Versickerung möglich machen:

- Rasenpflaster oder breitfugig verlegte Pflastersteine,
- Beläge aus verdichtetem Feinsplitt (sogenannte „wassergebundene Decke"),
- Holzdecks (diese müssen unbedingt mit ausreichend Abstand vom Gelände auf einer wasserfesten Unterkonstruktion befestigt werden, da sie sonst durch von unten aufsteigende Feuchtigkeit morsch werden).

Umgang mit den Grundstücksgrenzen

Wenn Ihr Garten an Nachbargrundstücke angrenzt, müssen Sie sich frühzeitig über die Gestaltung der Abgrenzung und der Übergangsbereiche Gedanken machen. Hier kommt es darauf an, eine sinnvolle Balance zwischen der notwendigen Abgrenzung Ihrer Privatsphäre und der Wahrung einer gewissen räumlichen Großzügigkeit zu finden. Dies ist besonders wichtig bei kleinen Grundstücken, wie sie heute in den meisten Neubaugebieten üblich sind.

Verzichten Sie nach Möglichkeit auf die Einfriedung Ihres Grundstücks mit Zäunen oder Mauern. Das spart nicht nur Kosten, sondern verleiht dem Garten auch optisch eine großzügigere Erscheinung. Wenn Sie bestimmte Bereiche Ihres Gartens (zum Beispiel die Terrasse) vor neugierigen Blicken Ihrer Nachbarn schützen wollen, eignet sich ein Sichtschutz aus Stauden oder Heckensträuchern in deren Nähe besser als ein hoher Zaun an der Grundstücksgrenze.

Wenn Ihnen ein Zaun trotzdem wichtig ist (zum Beispiel, weil Sie Ihren Hund auf dem Grundstück frei laufen lassen wollen), prüfen Sie die Bestimmungen im Bebauungsplan und beschränken sich auf eine maximal hüfthohe Abgrenzung, die den Ausblick nicht einschränkt. Als reizvolle Alternative zu Zäunen sind niedrige Hecken zunehmend populär, die trotz der Abgrenzungswirkung für Menschen und Hunde kleinen Tieren den Durchgang ermöglichen oder sogar einen eigenen Lebensraum bieten.

Pflanzen Sie jegliche Gehölze, die zu großen Büschen oder Bäumen heranwachsen können, in ausreichendem Abstand zur Grundstücksgrenze: Laut Nachbarrecht dürfen Ihre Pflanzen nicht in das Grundstück Ihres Nachbarn hineinragen, auch nicht mit einzelnen Zweigen. Wenn Sie nicht regelmäßig für die Einhaltung dieser Vorschrift sorgen, machen Sie sich angreifbar für nachbarrechtliche Konflikte.

Achten Sie darauf, dass möglichst kein Oberflächenwasser von Ihrem Grundstück auf ein benachbartes Grundstück abfließen kann: Auch hierzu macht das Nachbarrecht klare Vorgaben. Sie müssen das Regenwasser, das auf Ihrem Gelände anfällt, auch dort entsorgen. Die Ableitung des Dachwassers muss baulich geregelt, die Fallrohre und Drainagen müssen an Abwasserkanäle angeschlossen sein. Das Regenwasser, das auf Ihr Grundstück fällt, sollte nach Möglichkeit gleich dort am Ort des Auftreffens versickern können. Auch deswegen ist es sinnvoll, nur die Flächen zu versiegeln, für deren Nutzung dies unbedingt erforderlich ist. Ist eine Versickerung aufgrund der Bodenbeschaffenheit nicht möglich, müssen die Abflussrichtungen des Wassers vorausgedacht und am tiefsten Punkt des Grundstücks eine geregelte Ableitung ermöglicht werden.

ENERGIE UND HEIZUNG

Sie haben schon relativ früh im Planungsprozess entschieden, welchen Energiestandard Ihr künftiges Haus haben soll, da sich diese Entscheidung neben den Konsequenzen für viele Aspekte der Planung zentral auf die Finanzierung auswirkt. In der Entwurfsplanung muss diese Entscheidung jetzt in konkreten Maßnahmen festgezurrt werden.

Dabei geht es zum einen um bauliche Kriterien wie die Dämmqualitäten der Gebäudehülle oder die Größe und Ausrichtung der Fenster zur Sonne. Viele weitere Maßnahmen liegen auf den verschiedenen Gebieten der Anlagentechnik. Damit die angestrebten Standards (deren Einhaltung Sie auch für die Finanzierung und mögliche Förderanträge dokumentieren müssen) tatsächlich erreicht werden, müssen alle Maßnahmen in ein Gesamtkonzept eingebunden sein, das üblicherweise von einem Energieberater erarbeitet und zertifiziert wird. Hier hängt alles mit allem zusammen, jede Veränderung in einem System hat Auswirkungen auf die anderen Systeme.

Der Energiestandard beeinflusst über das ausgewählte Heizsystem sowie die Art der Raumlüftung auch erheblich den Wohnkomfort und das individuelle Wohlbefinden der Bewohner in den Innenräumen.
Die folgenden Faktoren bestimmen die Konzeption und Auslegung des Heizungssystems:

Die richtige Heizung wählen

Damit wir uns wohlfühlen, darf die Lufttemperatur weder zu hoch noch zu niedrig sein – allerdings liegt diese Komfortzone bei jedem Menschen in einem unterschiedlichen Temperaturbereich. Dem Auskühlen von Räumen beugt die Heizungsanlage vor, die in jedem Haus vorhanden ist.

Die meisten Menschen bevorzugen Strahlungswärme, die von einem erwärmten Bauteil auf den Körper abgestrahlt wird, gegenüber der durch Lufterwärmung erzeugten Konvektionswärme. Dies spricht für eine Flächenheizung und gegen eine Heizung mit Konvektoren oder Radiatoren.

Aufgrund des hohen vorgeschriebenen Wärmeschutzstandards heutiger Häuser ist das Erfordernis, eigens erzeugte Heizwärme im Haus zu verteilen, stark gesunken. Dadurch konnten neue Heizsysteme mit niedrigen Vorlauftemperaturen, zum Beispiel Wärmepumpen aller Art, entwickelt werden, deren Marktanteil kontinuierlich steigt. Parallel dazu ist der Anteil von Flächenheizungen, die mit den geringen Vorlauftemperaturen auskommen, in den letzten Jahren kontinuierlich größer geworden.

Das mit großem Abstand am weitesten verbreitete System der Flächenheizung ist die Fußbodenheizung. Auch Wandheizungen und Holzöfen aller Art werden als sehr angenehme Wärmequellen empfunden, haben aber erhebliche Auswirkungen auf die Möblierbarkeit und Nutzbarkeit der Räume.

Überhitzung verhindern

Schwieriger zu bekämpfen als niedrige Temperaturen im Haus ist sommerliche Überwärmung. Dagegen hilft vor allem, den Wärmeeintrag ins Haus zu minimieren, einerseits durch die wirkungsvolle Dämmung der Gebäudehülle und durch außen liegenden Sonnenschutz der verglasten Flächen, andererseits durch Anlagen zur automatischen Versorgung der Räume mit Frischluft. Klimaanlagen zur mechanischen Kühlung von Räumen sind hingegen Energiefresser und sollten nach Möglichkeit vermieden werden.

Zentrale Lüftungsanlagen können nicht nur der Überwärmung vorbeugen, sondern darüber hinaus auch die Luftqualität der Innenräume verbessern. Auch wenn über längere Zeit niemand im Haus ist, können sie einen angemessenen Luftwechsel sicherstellen. Lüftungsanlagen beugen auch dem Energieverlust durch übermäßige Fensterlüftung vor und tragen so zur Energieeinsparung bei. Diese Wirkung ist dann besonders effizient, wenn die Anlage die Zuluft zentral ansaugt und über einen Wärmetauscher mit der Abluft abgleicht.

Möblierung einplanen

Schließlich hängen auch die Nutzbarkeit und die Gestaltqualität der Räume von gebäudetechnischen Kriterien ab. So ist es naturgemäß einfacher, einen Raum zu möblieren und zu nutzen, der seine Wärme von einer Fußbodenheizung erhält und somit ohne Heizkörper auskommt. Dies gilt allerdings dezidiert nicht für Wandheizungen. Erfolgt die Wärmeabgabe über Heizflächen in den Wänden, sollten Sie die Möblierung der betreffenden Räume von Anfang an sorgfältig mitplanen, da an den heizenden Wänden keine Möbel stehen dürfen.

ELEKTROTECHNIK, MEDIEN, SMART HOME

Elektrisches Licht und seine Quellen, die Leuchten, prägen jeden Raum in Ihrem Haus zu jeder Tageszeit, nicht nur dann, wenn die Leuchten in Betrieb sind. Darüber hinaus halten sich die Auswirkungen der Elektrik auf die Gestalt der Innenräume in engen Grenzen: Viel mehr als Steckdosen und Schalter, die Sie aus einem breiten Angebot auswählen können, sehen Sie nicht davon. Umso mehr lohnt es sich, schon bei der Planung gründlich über das elektrische Licht im Haus nachzudenken.

Arten der Beleuchtung

Grundsätzlich lässt sich bei der Beleuchtung unterscheiden zwischen der Allgemeinbeleuchtung, der Effektbeleuchtung und der Objektbeleuchtung. Jede dieser drei Kategorien stellt jeweils ganz unterschiedliche Anforderungen an die Qualität, die Leuchtstärke und die Führung des elektrischen Lichts.

Die Allgemeinbeleuchtung stellt die Grundversorgung der Räume mit elektrischem Licht sicher und sollte bereits in der Entwurfsplanung berücksichtigt werden. Sie wird üblicherweise an Decken und Wänden verortet, dort bereits im Bau fest verkabelt und von eingebauten Lichtschaltern gesteuert. Stellen Sie sich schon beim Entwurf des Hauses die Wege vor, die Sie regelmäßig darin zurücklegen werden, und sorgen über die Anordnung der Lichtschalter dafür, dass Sie die Allgemeinbeleuchtung der Räume beim Gehen sinnvoll ein- und ausschalten können.

Zusätzlich kann man bestimmte Raumbereiche und Situationen durch spezielles Kunstlicht akzentuieren und im Sinne einer Effektbeleuchtung hervorheben. Beispiele hierfür sind Lichtbänder über großflächigen Verglasungen, die auch bei Dunkelheit den

Lauf des Tageslichts gewissermaßen nachzeichnen, oder die gezielte Illuminierung von Bücherregalen oder Kunstwerken.

Schließlich benötigen manche Orte und Möbelstücke für ihre Funktion eine gezielte und spezifische Aufhellung. Beispiele hierfür sind die Schreibtischlampe, die Leselampe am Bett oder auch die Stehlampe beim Sofa, in deren Licht man lesen kann, ohne dass der ganze Raum gleichmäßig hell sein muss. Diese Lichtquellen werden meist aus Steckdosen mit Strom versorgt und über Schalter direkt an der Leuchte ein- und ausgeschaltet und müssen daher nicht unbedingt schon im Entwurf des Hauses definiert werden.

Beleuchtung richtig planen

Es ist ein erheblicher Unterschied, ob das elektrische Licht aus fest eingebauten Leuchten in der Decke oder an den Wänden kommt, ob frei stehende oder hängende Leuchten direktes Licht abgeben oder ob ihr Licht über die Wände in den Raum reflektiert wird. Diffuses Licht, das sich von Decken- oder Wandleuchten aus ohne erkennbare Richtung frei im Raum verbreitet oder von angeleuchteten hellen Flächen reflektiert wird, eignet sich besonders gut für die Allgemeinbeleuchtung von Räumen. Dagegen passen Leuchten, deren Licht über die Gestaltung der Schirme beziehungsweise Reflektoren und über die Auswahl des Leuchtmittels einer vorgegebenen Richtung folgt, besser für besondere Lichteffekte. Außerdem lassen sich so gezielt bestimmte Raumzonen und Möbelstücke beleuchten.

Beid er Planung des elektrischen Lichts sollten Sie sich nicht nur auf die Kenntnisse Ihres Hausplaners (und später des beauftragten Elektrikers) verlassen, sondern auch auf eigene Erfahrungen vertrauen, die Sie durch aufmerksames Beobachten von Räumen und Ihrer Beleuchtung (zum Beispiel der Wohnungen Ihrer Freunde) sammeln können.

Elektroausstattung

Es ist empfehlenswert, nicht an der Anzahl von Schaltern und vor allem von Steckdosen zu sparen. Die Erfahrung der vergangenen Jahrzehnte hat gezeigt, dass die Anforderungen an die Dichte der elektrischen Installation von Häusern (und an die Anzahl von Steckdosen je Zimmer) stetig gestiegen sind. Diese Entwicklung wird sich vermutlich fortsetzen. Daher sollten Sie beim Bau Ihres Hauses großzügig Steckdosen vorsehen und dabei möglichst viele Szenarien möglicher Möblierung ermöglichen – insbesondere in den Individualräumen, deren Nutzung nicht festgelegt ist und sich im Lauf der Zeit ändern kann. Auch hier gilt: lieber am Anfang eine Steckdose einbauen lassen, die man letztlich nicht braucht, als hinterher eine kostspielige und lästige Baumaßnahme für die Nachrüstung von unter Putz verlegten Leitungen ertragen zu müssen.

Info Steckdose mit USB-Buchse

Viele Hersteller bieten inzwischen Steckdosen an, in denen zusätzlich zum klassischen Schuko-Stecker eine USB-Buchse vorhanden ist, sodass sich elektrische Kleingeräte ohne Adapter laden lassen.

Um nicht im ganzen Haus von drahtlosen Datennetzwerken (WLAN) abhängig zu sein, sollten Sie auch eine feste Verkabelung mit Datenleitungen vorsehen – diese sind sowohl leistungsfähiger als auch funktionssicherer als die drahtlose Vernetzung. Dafür genügt üblicherweise ein Auslass in jedem Individualraum.

Im Wohnbereich sollten Sie LAN-Steckdosen für verschiedene Möblierungsoptionen einplanen. Dies gilt insbesondere für Räume, die als Arbeitsräume in Betracht kommen, sowie für die Kinderzimmer. Wenn Sie sich das Netzwerk nicht von Anfang an einbauen lassen wollen – zum Beispiel aus Kostengründen oder weil Sie auf eine Verbesserung der Kabel-Standards spekulieren – sollten Sie zumindest Leerrohre verlegen lassen, die später ohne größeren Aufwand eine Datenverkabelung aufnehmen können.

Smart Home: Was ist sinnvoll?

In den letzten Jahren gewinnt ein neuer gebäudetechnischer Trend zunehmend an Popularität: das „Smart Home". Das Ziel besteht darin, neue Häuser vielfältig zu vernetzen. Smart Home soll das Haus umfassend steuerbar machen und es zudem mit gewissen selbstregulierenden Funktionen ausstatten. Obwohl in der Branche eine gewisse Goldgräberstimmung hinsichtlich der künftigen Verbreitung solcher Systeme herrscht, sollte man die Möglichkeiten kritisch mit den Kosten vergleichen.

In der Praxis nützlich sind technische Lösungen für die Gebäudeautomation, die in kleinerem Umfang in bestimmten Gewerken (zum Beispiel eine über die Außentemperatur gesteuerte Heizungsinstallation) schon lange üblich sind. Neu am Konzept „Smart Home" ist der Versuch, diese Systeme über die Gewerke hinweg steuerbar zu machen – sowohl über ein zentrales Display im Haus als auch von außen über eine App auf dem Smartphone.

Relativ einfach umsetzbar und uneingeschränkt sinnvoll ist eine zentrale Steuerung folgender Komponenten im Gewerk Elektrik:

- Allgemeinbeleuchtung der Räume
- Elektrisch betriebener Sonnenschutz
- schaltbare Steckdosen

Mithilfe dieser zentralen Steuerung lassen sich (unter anderem) täglich ablaufende gebäudetechnische Prozesse in Abhängigkeit von den Umgebungsbedingungen programmieren und automatisieren. Beispiele dafür sind das Einschalten des Lichts bei Einbruch der Dunkelheit, das Schließen des Sonnenschutzes bei starker Sonneneinstrahlung sowie das Öffnen des Sonnenschutzes bei starkem Wind. Auch können Sie den Ablauf bestimmter programmierter Szenarien der Raumbeleuchtung im Verlauf des Abends, die auf die Anwesenheit der Bewohner schließen lassen, auch dann beibehalten, wenn Sie verreist sind, und dadurch potenzielle Einbrecher abschrecken.

Was muss man beachten?

Was die Leitungsführung im Haus betrifft, haben die genannten Systeme einen erheblich höheren Aufwand an Kabelsträngen und Leitungslängen zur Folge. Der damit verbundene Kostenfaktor lässt sich nur vermeiden, wenn die Steuerung kabellos über Funk erfolgt, wovon aber im Sinne der Betriebssicherheit und auch der Wohngesundheit (Stichwort Elektrosmog) abzuraten ist. Allgemein gilt, dass Sie mit Ihrem Planer genau definieren sollten, welche Funktionalitäten Sie konkret wünschen. Beachten Sie, dass immer noch bei Weitem nicht alle Elektrofachbetriebe solche Systeme installieren können. Die Auswahl an Firmen, von denen Sie im Rahmen der Ausschreibung der Elektroinstallation Angebote erwarten dürfen, wird daher beschränkt sein. – auf der anderen Seite können diese wenigen Firmen Sie dann auch kompetent beraten.

Viele der angebotenen Systeme stellen eigene „Ökosysteme" dar, in denen nur Produkte des anbietenden Herstellers wirklich funktionieren, plattformübergreifende Standards für diese Technologie gibt es bislang nicht. Über die technischen Herausforderungen hinaus stellen sich auch Fragen nach der Datensicherheit und der Zuverlässigkeit der digitalen Zugangskontrolle. Detaillierte Informationen zu Planung, Technik, Kosten und Sicherheit finden Sie im „Handbuch Smart Home" der Stiftung Warentest.

AUSFÜHRUNGS-PLANUNG

Der Entwurf steht, der Baukörper ist gestaltet, die Räume sind im Haus verteilt, die technische Anlage konzipiert. Jetzt wird´s noch eine Stufe handfester: Im nächsten Schritt, der Ausführungsplanung, definieren Sie zusammen mit Ihren professionellen Partnern die Materialien, aus denen Ihr künftiges Haus gebaut werden soll. Das folgende Kapitel unterstützt Sie bei der Auswahl und hilft Ihnen, die Pläne zu verstehen, nach denen die Handwerksbetriebe das Haus bauen werden. Denn auch dieser Arbeitsschritt wirkt sich konkret auf die Gestalt des Hauses aus und prägt die Umgebung, in der Sie künftig leben wollen.

WAS GESCHIEHT WÄHREND DER AUSFÜHRUNGSPLANUNG?

Nach der Fertigstellung der Entwurfsplanung beginnt die Ausführungsplanung, die häufig auch als „Werkplanung" bezeichnet wird. In dieser Arbeitsphase werden die Unterlagen erstellt, nach denen später die angefragten Handwerksbetriebe ihre Angebote erstellen und dann – nach der Erteilung des Auftrags durch Sie, die Bauherrschaft – den Entwurf in ein gebautes Haus umsetzen.

Damit das fertige Haus nicht nur so aussieht, wie Sie es mit Ihrem Planer beziehungsweise Ihrer Planerin in den Entwurfszeichnungen erarbeitet haben, sondern auch aus den von Ihnen bevorzugten Materialien besteht und möglichst weitgehend im in der Kostenberechnung festgelegten preislichen Rahmen bleibt, sind die folgenden Unterlagen erforderlich, die der Planer in Ihrem Auftrag erstellt:

- **Ausführungspläne** beziehungsweise Werkpläne, die das ganze Haus im Überblick darstellen (üblicherweise im Maßstab 1:50)
- **Detailzeichnungen** von konstruktiv und gestalterisch wichtigen Punkten, zum Beispiel Dachrändern an Traufe und Ortgang, Anschlüssen von Fenstern und Türen an geschlossene Wände, besondere Bauteile wie Vordächer, Dachgauben, großflächige Verglasungen etc. (je nach dargestelltem Punkt sind hierfür die Maßstäbe 1:20, 1:5 oder 1:1 üblich)
- **Leistungsverzeichnisse** (schriftliche Auflistungen der zu erledigenden Arbeiten und der dafür zu verwendenden Materialien, Konstruktionen und Produkte)

Die entsprechenden Zeichnungen erstellt Ihre Planerin oder Ihr Hausanbieter und stimmt sie mit Ihnen und allfälligen Fachleuten (zum Beispiel für die technischen Gewerke) ab.

Info **Leistungsverzeichnisse**

Die Erstellung von Leistungsverzeichnissen ist nur für individuell geplante Häuser erforderlich, die in einzelnen Gewerken vergeben werden. Bei Typen- und Fertighäusern werden die entsprechenden Festlegungen schon recht früh im Planungsprozess im Rahmen von Bemusterungen getroffen, ihre Dokumentation erfolgt im Rahmen der Baubeschreibung, die Bestandteil des Kaufvertrags wird.

Ihre Rolle während der Ausführungsplanung

In der Ausführungsplanung ändert sich Ihre Rolle als Bauherr oder Bauherrin grundlegend: Während Sie in den bisher beschriebenen Arbeitsschritten den Entwurf des Hauses auf Augenhöhe mit der Planerin aushandeln und gestalten konnten, schlägt jetzt die Stunde der Fachleute. In enger Zusammenarbeit der Architektin mit den Fachplanern für Tragwerksplanung und technische Gebäudeausrüstung erarbeiten die Planungsteams die Werkpläne und Leistungsverzeichnisse. Als Bauherrin oder Bauherr müssen Sie sich an der eigentlichen Planung nicht mehr direkt beteiligen, aber viele Entscheidungen final treffen. Die meisten davon, insbesondere die Auswahl von Materialien und Ausstattungsgegenständen, haben Sie vermutlich bereits im Rahmen der Entwurfsplanung besprochen.

Im Folgenden finden Sie einige vertiefende Hinweise dazu, wie Sie als Bauherr oder Bauherrin Ausführungspläne verstehen und mit deren Verfassern zielorientiert diskutieren können.

Wie lese ich einen Ausführungsplan?

Die Ausführungsplanung stellt eine fachliche Weiterbearbeitung der Entwurfsplanung dar und verfolgt das Ziel, das Haus in solcher Genauigkeit zu dokumentieren, dass es auf Grundlage dieser Pläne von Handwerkern gebaut werden kann.
Wie die Entwurfsplanung besteht die Ausführungsplanung aus Grundrissen und Schnitten, Ansichten sind hier hingegen nicht mehr unbedingt erforderlich, da ihr Inhalt meist vollständig in den Grundrissen und Schnitten enthalten ist. Die Ausführungsplanung verfügt über eine erheblich höhere Informationsdichte als die Entwurfsplanung und wird daher in größeren Maßstäben erarbeitet. Üblich ist der Maßstab 1:50 für die Übersichtspläne (auf der folgenden Doppelseite ist beispielhaft ein Grundriss abgedruckt). Detaillierte Darstellungen wichtiger Punkte und Anschlüsse werden je nach erforderlicher Genauigkeit in den Maßstäben 1:20 bis 1:1 dargestellt. Zentrale Inhalte der Ausführungsplanung sind die Materialien und die Funktionalität der Bauteile sowie ihre genauen Abmessungen. Die Baustoffe, aus denen das Haus gebaut ist, werden anhand von Farben und Schraffuren definiert, die Maße durch die „Maßketten", die sich jeweils auf Bauteile beziehen, die aneinander angrenzen oder zumindest nahe beieinander sind. Anhand dieser Pläne können Sie abschließend beurteilen, ob die Planung dem entspricht, was Sie im Vorfeld mit dem Planer oder der Planerin vereinbart haben. Prüfen Sie in den Ausführungsplänen die Abmessungen von Räumen und Öffnungen, die Aufschlagrichtungen von Türen und Fenstern, die Lage von Sanitärobjekten ...

TRAGWERKSMATERIALIEN UND STATISCHE SYSTEME

Es ist praktisch unmöglich, pauschale Empfehlungen für eine bestimmte Bauweise zu geben. Dies hängt nicht nur vom Grundstück (etwa der Tragfähigkeit des Baugrunds) und der regionalen Handwerkstradition ab, sondern mindestens ebenso vom Entwurf des Hauses. Gute Architekten und Planerinnen sprechen das Thema Konstruktion schon früh im Entwurfsprozess an, weil die Entscheidung für ein tragendes Material sich auf den Entwurf auswirkt – und umgekehrt: So erfordern große, stützenfreie Räume oder große Fensteröffnungen besondere konstruktive Vorkehrungen, die sich oft in Skeletttragwerken einfacher umsetzen lassen.

Es muss Ihnen klar sein, dass die Auswahl eines Materials für die Tragkonstruktion eines Hauses immer auch eine Entscheidung ist, die den Entwurf entscheidend prägt. Wählt man also einen Hausanbieter, der nur in einem bestimmten Material bauen kann, schränkt man seinen Entscheidungsspielraum im Hinblick auf die Planung ein.

→ S. 147 Nutzen Sie die Bauteilliste im zweiten teil dieses Buchs, um die Entscheidungen für die verschiedenen Tragwerksbauteile, die Sie zusammen mit Ihren Baupartnern getroffen haben, zu protokollieren und jederzeit den Überblick über Materialien und Oberflächen zu haben.

Ausführungsplan des Architekten (Übersichtsplan, im Original im Maßstab 1:50)

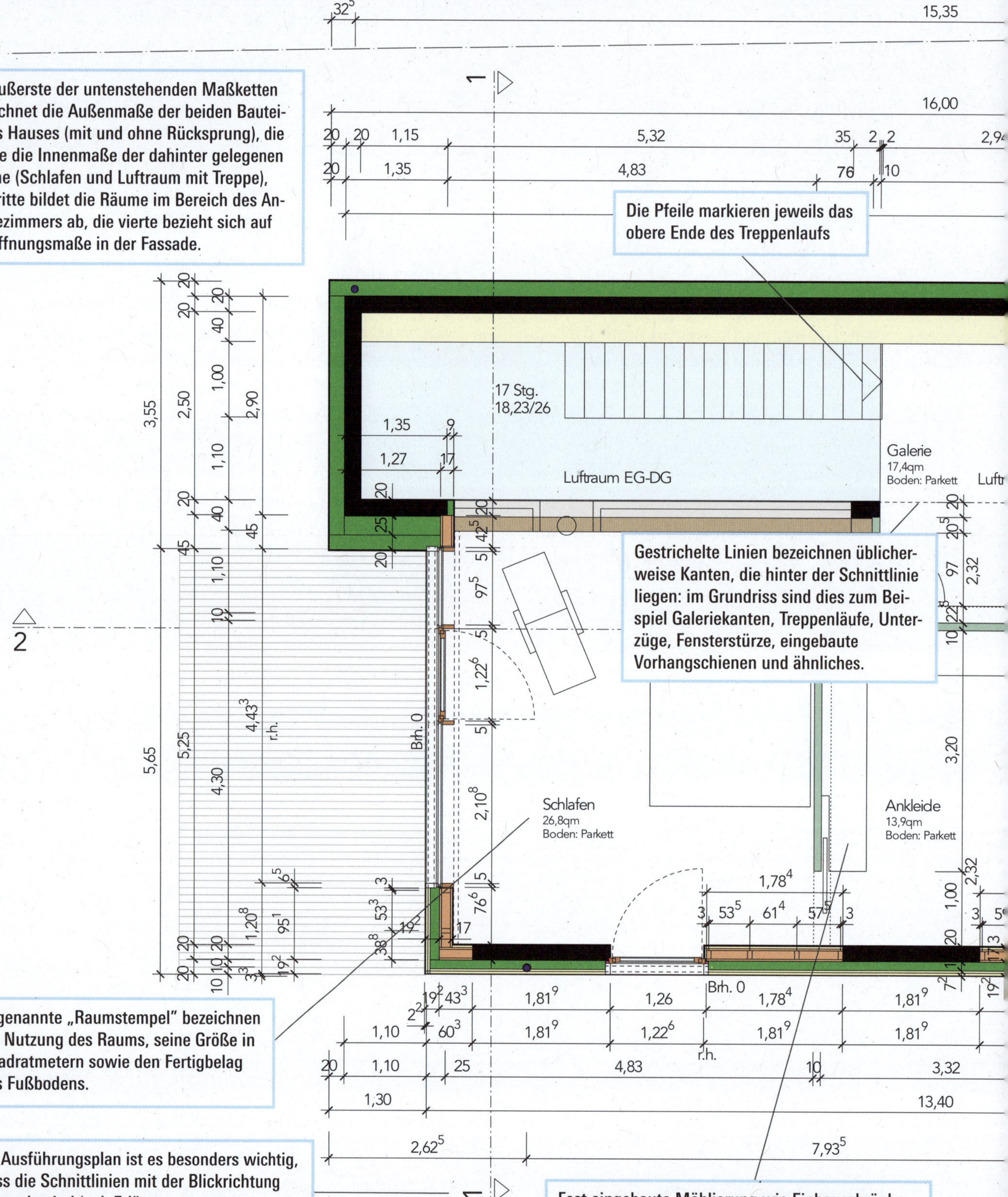

Die äußerste der untenstehenden Maßketten bezeichnet die Außenmaße der beiden Bauteile des Hauses (mit und ohne Rücksprung), die zweite die Innenmaße der dahinter gelegenen Räume (Schlafen und Luftraum mit Treppe), die dritte bildet die Räume im Bereich des Ankleidezimmers ab, die vierte bezieht sich auf die Öffnungsmaße in der Fassade.

Die Pfeile markieren jeweils das obere Ende des Treppenlaufs

Gestrichelte Linien bezeichnen üblicherweise Kanten, die hinter der Schnittlinie liegen: im Grundriss sind dies zum Beispiel Galeriekanten, Treppenläufe, Unterzüge, Fensterstürze, eingebaute Vorhangschienen und ähnliches.

Sogenannte „Raumstempel" bezeichnen die Nutzung des Raums, seine Größe in Quadratmetern sowie den Fertigbelag des Fußbodens.

Im Ausführungsplan ist es besonders wichtig, dass die Schnittlinien mit der Blickrichtung vermerkt sind (vgl. Erläuterungen zur Entwurfsplanung, S. 35)

Fest eingebaute Möblierung wie Einbauschränke oder -regale sowie Sanitärgegenstände sollten unbedingt im Ausführungsplan dargestellt sein – nicht zuletzt, weil dieser Plan meist von den Fachplanern für die Haustechnik als Grundlage für deren Pläne verwendet wird. Bewegliche Möbel können optional zusätzlich eingezeichnet werden.

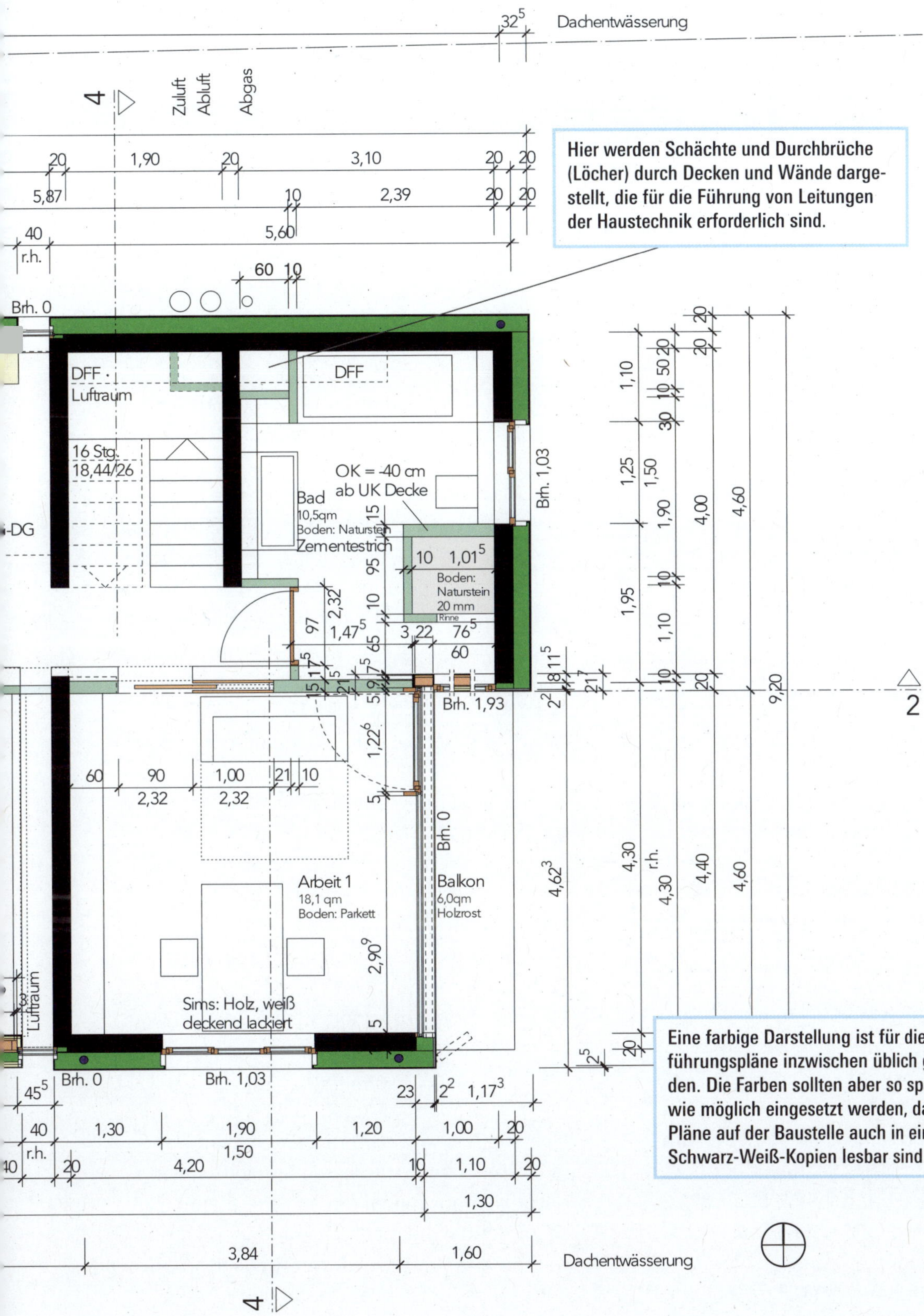

Hier werden Schächte und Durchbrüche (Löcher) durch Decken und Wände dargestellt, die für die Führung von Leitungen der Haustechnik erforderlich sind.

Eine farbige Darstellung ist für die Ausführungspläne inzwischen üblich geworden. Die Farben sollten aber so sparsam wie möglich eingesetzt werden, damit die Pläne auf der Baustelle auch in einfachen Schwarz-Weiß-Kopien lesbar sind.

Mauerwerksbau

Wenn man die Wände eines Hauses in Mauerwerk aus einzelnen Steinen zusammensetzt, sollte sich die Planung an den Systemmaßen dieser Steine orientieren. Es gibt eine große Auswahl an Mauersteinen mit sehr unterschiedlichen Eigenschaften, sowohl hinsichtlich ihrer Statik als auch in Sachen Wärmeschutz, Schallschutz und Formbarkeit. So sind Ziegelsteine mit hohem Lochanteil relativ leicht und weisen gute Wärmedämmeigenschaften auf. Allerdings sind ihre Tragfähigkeit sowie ihre Schalldämmwerte schlechter als die von schweren, massiven Mauersteinen. Wenn Letztere an Außenwänden zum Einsatz kommen, müssen sie meist durch eine außenliegende Dämmschicht ergänzt werden. Besonders weit verbreitet sind sogenannte Wärmedämmverbundsysteme, bei denen Wärmedämmung und Putz mit den für den dauerhaften Halt des Putzes erforderlichen Tragschichten im System angeboten werden.

Die Lage der Wände muss den Anforderungen an die Statik des Hauses genügen. Besonders günstig für die Statik und damit auch für die Wirtschaftlichkeit der Konstruktion ist es, wenn die tragenden und aussteifenden Wände in den verschiedenen Geschossen direkt übereinander stehen. Ob die Außenwände tragend ausgebildet werden oder tragende Querwände eine freie Gestaltung der Fassade ermöglichen sollen, wird in der Ausführungsplanung zusammen mit der Fachplanerin für die Tragwerksplanung abschließend geklärt. Eine gute Planerin wird diese Thematik aber bereits bei der Entwurfsplanung im Hinterkopf gehabt haben.

Als monolithische, das heißt aus massiven Steinen gebaute Wände weisen Mauerwerkswände sehr homogene Eigenschaften auf. Dadurch lassen sich Befestigungen für hängende Möbel und Ähnliches unterschiedslos an jeder Stelle der Wand anbringen.

Im Mauerwerksbau werden die Geschossdecken heute weitgehend aus Stahlbeton gebaut. Für sie gilt, was im kommenden Abschnitt über den Stahlbetonbau beschrieben ist. Die früher durchaus üblichen Ziegeldecken (eine Kombination aus Steinen und Stahlstäben zur Bewehrung) kommen fast gar nicht mehr zum Einsatz.

Stahlbetonbau

Häuser aus Stahlbeton sind ohne Rücksicht auf Maßverhältnisse und statische Geradlinigkeit weitestgehend frei formbar. Das macht die Planung einfacher, das gebaute Ergebnis ist dann aber weitgehend räumlich fixiert und somit unflexibel. Der guten Tragfähigkeit des üblichen Stahlbetons steht die schlechte Wärmedämmfähigkeit gegenüber. An Außenwänden muss Stahlbeton daher – ähnlich wie schwere Mauersteine – mit einer gesonderten Dämmschicht überzogen werden. Will man sowohl außen als auch innen den Beton sichtbar belassen, kommen entweder kerngedämmte Stahlbetonfertigteile oder ein mit dämmenden Zuschlagstoffen gemischter monolithischer Beton infrage. Beide Systeme sind recht kostspielig, der Dämmbeton benötigt darüber hinaus erhebliche Wandstärken.

Es ist technisch schwierig und meist auch sehr aufwendig, nachträglich in betonierte Tragsysteme einzugreifen (zum Beispiel Wände zu entfernen oder auch nur Tür- oder Fensteröffnungen zu verändern). Ähnliches gilt für kleine Eingriffe im Alltag: Schon das Einbohren von Löchern zum Aufhängen von Hängeschränken oder zur Fixierung von Regalen lässt sich nur mit einem schlagkräftigen Bohrhammer bewerkstelligen – und wenn man beim Bohren auf ein Bewehrungseisen trifft, sind selbst diese Werkzeuge überfordert. Daher ist es sinnvoll, schon im Vorfeld zu überlegen, an welchen Wänden und Decken Dinge aufgehängt werden sollen, und dies baulich vorzusehen. Beispiele hierfür sind

- **Bilderleisten** an den Kanten zwischen Wand und Decke bei Wänden, an denen künftig Bilder hängen sollen.
- **Dübel an Decken** zur Aufhängung von Deckenleuchten – insbesondere dann, wenn sie an Seilen oder Kabeln im Raum hängen sollen und man die Befestigung nicht unter dem Lampenkörper verstecken kann.
- **Dübel an Wänden** zur Aufhängung von Gegenständen, deren Position sich schon während der Planung genau fixieren lässt.

Aufgrund des hohen Aufwands für nachträgliche größere Veränderungen müssen Häuser, deren Tragwerk aus Beton besteht, schon im Entwurf besonders sorgfältig durchdacht und jetzt konsequent durchgeplant werden. Auch der präzisen Ausführung (und ihrer Überwachung im Rahmen der Bauleitung) kommt später eine hohe Bedeutung zu.

Holzbau

Auch Holzhäuser lassen sich in ihrer Struktur und Form relativ frei gestalten, weil Holz auf vielfältige Weise bearbeitet und gefügt werden kann. Im Gegensatz zu Häusern aus Beton können Holzhäuser aber aufgrund der einfachen Formbarkeit des Baustoffs Holz recht einfach nachträglich verändert werden, sofern man die Konstruktion des Tragwerks versteht und sich mit den geplanten Veränderungen innerhalb des Systems bewegt.

Sowohl der traditionelle Holzständerbau (der, meist als „Fachwerk" bezeichnet, weitgehend vor Ort auf der Baustelle aufgerichtet und zu einem Tragwerk verbunden wird) als auch der (stärker in der Werkstatt vorgefertigte) Holzrahmenbau sind Variationen des Skelettbaus. Das bedeutet, dass die tragenden Teile eine Art Gerüst bilden, dessen leere Felder mit anderen Materialien aufgefüllt und/oder abgedeckt werden müssen, wenn eine geschlossene Fläche (Wand oder Dach) gewünscht ist.

Trotz der guten Form- und Veränderbarkeit von Holzskeletten müssen auch hier bestimmte Aspekte der künftigen Nutzung im Voraus bedacht werden. Dies hat seinen Grund darin, dass Wände im Holzständerbeziehungsweise Holzrahmenbau die anfallenden Lasten nicht flächig tragen, sondern nur über die dafür vorgesehenen Stützen, Riegel und Balken. Die Felder zwischen den tragenden Bauteilen werden nur gefüllt und mit einem nicht tragenden Bauteil (Platten etwa aus Gipskarton oder Holzwerkstoffen) abgedeckt. Im Gegensatz zu Flächenlasten durch Menschen und Möbel, die von oben auf Decken lasten und für die es klare Vorgaben gibt, müssen hängende Lasten im Voraus bedacht und konstruktiv vorbereitet werden.

Deckenleuchten aller Art und sonstige von der Decke abzuhängende Gegenstände sollten nach Möglichkeit in tragenden Deckenbalken befestigt werden, insbesondere dann, wenn die hängende Last schwer ist.

Schwere Gegenstände, die an Wänden aufgehängt werden sollen, müssen ebenfalls in tragenden Holzteilen verankert werden. Sofern sich ihre Position schon während der Planung zumindest ungefähr festlegen lässt (zum Beispiel bei Hängeschränken in Küchen), müssen dafür nötigenfalls gezielt Balken in die Konstruktion eingefügt werden.

Die dritte grundsätzliche Art und Weise, aus Holz Häuser zu bauen, unterscheidet sich stark vom Holzständer- und Holzrahmenbau: Beim Holzmassivbau werden Wände und Decken gewissermaßen aus Massivholz hergestellt. Dementsprechend verhält sich diese Bauweise eher wie der Mauerwerksbau insofern, als die Bauteile überall gleiche Eigenschaften haben und zum Beispiel nicht für die Fixierung spezieller Lasten eigens vorbereitet werden müssen. Dieser Erleichterung steht der Nachteil gegenüber, dass nachträgliche Veränderungen zwar möglich, aber in der Umsetzung aufwendiger sind als bei Skelettbauten.

Stahlbau

Schließlich soll auch der Stahlbau nicht unerwähnt bleiben, obwohl er im Bau von Einfamilienhäusern keine große Rolle spielt: Grundsätzlich lassen sich skelettförmige (aus Stäben bestehende) Traggerüste auch aus Stahl bauen. Dies ist aber mit einigem konstruktiven Aufwand verbunden, da sowohl der Vorfertigungsgrad als auch die Präzision hoch sein müssen, weil Bauteile aus Stahl auf der Baustelle üblicherweise weder geschnitten noch geschweißt werden können. Daher erweist es sich meistens auch als recht kostspielig und dürfte sich bei kleinen Wohnhäusern nur dann lohnen, wenn die Anforderungen an Transparenz und Grundrissflexibilität sehr hoch sind. Dies könnte zum Beispiel der Fall sein, wenn große stützenfreie Räume geplant sind.

Hybride Systeme

Durchaus relevant sind hingegen Mischkonstruktionen aus verschiedenen Materialien und Tragwerkssystemen. Üblich ist beispielsweise die Kombination aus massiven Wänden und Decken und einem Dachstuhl aus Holz – so werden immer noch die meisten Einfamilienhäuser gebaut. In vielen Holzhäusern werden die Geschossdecken aus Stahlbeton ausgeführt, was das Erreichen angemessener Schallschutzeigenschaften erheblich erleichtert. Nicht selten erhalten Häuser in Massivbauweise auch Fassaden und ganze Außenwände aus Holz, da sich beim Holzbau die gewünschten Wärmedurchgangskoeffizienten mit dünneren Bauteilen realisieren lassen. Bei allen Hybridbauweisen gelten für die einzelnen Bauteile in Abhängigkeit von der verwendeten Konstruktion dieselben Gesetzmäßigkeiten, die oben für die verschiedenen Materialien und Konstruktionsweisen beschrieben wurden.

MATERIALIEN DACH UND FASSADE

→ S. 149

In der Entwurfsplanung haben Sie mit den Grundrissen und der Konstruktion auch die Dimensionen und die Gestalt des Baukörpers und seiner Öffnungen bestimmt. In der Ausführungsplanung geht es jetzt darum, diesem Baukörper eine materielle Realität zu geben, die das Erscheinungsbild des neuen Hauses im öffentlichen Raum bestimmt. Dafür dürfen Sie Entscheidungen über Materialien, Farben und Details treffen, die sich zwar weniger auf Ihr alltägliches Leben auswirken als die Raumaufteilung im Haus, aber Ihre Visitenkarte auf der Straße prägen. Daher sollten Sie sich auch für diese Auswahlprozesse ausreichend Zeit und Muße lassen.

Dacheindeckung

Neben der Textur und Farbe der Wandoberflächen (Informationen hierzu finden Sie im folgenden Abschnitt) bestimmen vor allem die Form und Deckung des Daches das Erscheinungsbild des Hauses. Dies gilt besonders dann, wenn man es in Hanglagen auch von oben sehen kann. Die Dachform haben Sie bereits im Entwurf festgelegt – und damit auch eine Vorentscheidung für die Materialien getroffen, mit denen es gedeckt beziehungsweise abgedichtet sein kann.

Geneigte Dächer werden meist mit Dachsteinen gedeckt, die entweder aus Keramik (Ziegel) oder aus Beton hergestellt werden. Die Vielfalt an Formen, Farben und Oberflächen ist kaum zu überschauen. Lassen Sie sich von Ihrem Planer Alternativen zur Auswahl vorlegen. Vielleicht hat der Hausanbieter ohnehin nur einen oder wenige Hersteller im Angebot. Oft macht auch der Bebauungsplan Vorgaben zur Dachdeckung, schreibt beispielsweise ein eingeschränktes Spektrum an Farbtönen vor oder schließt bestimmte Materialien oder Oberflächen (wie glänzend glasierte Ziegel) aus. Insofern dürfte neben dem persönlichen Geschmack auch die Einfügung des Dachs in seine Umgebung ein zentrales Kriterium für Ihre Auswahl darstellen. Technische Aspekte spielen bei dieser Entscheidung nur eine untergeordnete Rolle.

Es gibt aber Alternativen zu den gängigen Deckungen aus Dachsteinen oder -ziegeln, die für die Eindeckung geneigter Dächer ebenfalls infrage kommen:

- Dachplatten aus Faserzement oder ähnlichen industriell hergestellten Baustoffen,
- flächige Eindeckungen aus gefalzten Blechen auf einer flächig aufgebrachten Holzwerkstoffplatte sowie
- in bestimmten Gegenden, wo dies der Bautradition entspricht, auch Schindeln aus Holz oder Schiefer sowie Reetdächer aus Stroh.

Neben den jeweils eigenen technischen Besonderheiten sowie den Anforderungen, die sich aus der gewählten Dachneigung ergeben, sollten für die Auswahl auch regionale Traditionen eine Rolle spielen.

Dies gilt auch für den Neigungswinkel geneigter Dächer und für die Konstruktion und Gestalt ihrer Ränder, die in Abhängigkeit vom regionalen Klima in verschiedenen Gegenden traditionell ganz unterschiedlich ausgebildet sind. Da die örtlichen Traditionen auf Besonderheiten des Klimas zurückgehen, ist es auch hier meist sinnvoll, sich auf die tradierte Bauweise der Umgebung zu beziehen. Als Beispiel sei erwähnt, dass Dachüberstände zum Schutz des Hauses vor Sonneneinstrahlung und Schlagregen beitragen können.

Die Ableitung des Wassers erfolgt üblicherweise durch Rinnen und Fallrohre, die traditionell mit Blechen aus verschiedenen Metallen (vor allem Kupfer, Zink und Aluminium) hergestellt werden. In den letzten Jahrzehnten kommt dafür auch zunehmend Kunststoff zum Einsatz. Auch hier folgt die Materialwahl eher dem persönlichen Geschmack und dem Budget als technischen Erfordernissen.

Flachdächer werden immer mit in Bahnen verlegten Dichtungsmaterialien abgedichtet und anschließend mit einer Auflage vor der Einwirkung der Sonne geschützt. Wo immer möglich, sollten flache Dächer anstelle der früher üblichen Kiesschichten begrünt werden. Dies schafft nicht nur Lebensraum für Pflanzen und kleine Tiere, sondern verringert durch den Temperaturausgleich auch die physikalischen Spannungen der Abdichtungsschicht und verlängert damit deren Lebensdauer. Zudem wirkt die Vegetationsschicht als Puffer für Regenwasser, dessen so verlangsamter Abfluss wiederum die Kapazität von Kanälen und Wasserläufen schont und die Hochwassergefahr verringert.

Info Dachaufbauten

Für Dachaufbauten gelten ähnliche Regeln wie für Dächer und Wände: Auch hier ist die Auswahl an Materialien für Deckung und Verkleidung nahezu unbegrenzt. Es hat sich bewährt, das Haus als homogenes Ganzes zu betrachten und auch die Dachaufbauten mit den am Rest des Hauses verwendeten Materialien zu belegen. Wenn Gauben, Quergiebel und ähnliche Aufbauten in einfacher Formensprache entworfen sind, lassen sie sich leichter eindecken und abdichten als komplizierte Geometrien – dementsprechend halten sie auch länger.

Fassadenmaterialien

Das statische System Ihres neuen Hauses sowie die Materialien der tragenden Elemente haben Sie in der Entwurfsplanung festgelegt. Es liegt auf der Hand, dass die Ausbildung der Außenwände davon abhängig ist: Handelt es sich um tragende Wände oder stellt die Fassade nur die Füllung von Öffnungen dar, weil dahinter querstehende Schotten oder ein Skelett aus Stützen und Balken das Haus tragen? Die Art der Wandkonstruktion beeinflusst nicht nur die Möglichkeiten der Befensterung der Gebäudehülle, sondern auch deren Materialität.

Verputzte Wände sind bei Wohnhäusern weit verbreitet. Sie sind relativ preiswert und können auf nahezu allen Wandkonstruktionen zum Einsatz kommen: Neben massiven Wänden aus Stahlbeton oder Mauerwerk (mit oder ohne flächig aufgebrachter Dämmschicht) können auch Ständerwände aus Holz oder Metall bei Einsatz eines geeigneten Schichtenaufbaus grundsätzlich verputzt werden. Sowohl bei der Oberflächentextur des Putzes als auch bei der Farbigkeit des Anstrichs sind Ihrer Wahlfreiheit fast keine Grenzen gesetzt. Achten Sie auf die Oberflächen von Wänden, die Ihnen gefallen, dokumentieren Sie diese fotografisch und lassen Sie sich von Ihrem Gipser beraten.

Wesentlich dauerhafter, aber auch kostspieliger sind Vormauerungen: Wandverkleidungen aus dünnen Steinen in dünnen Schichten, die vor der tragenden Wand und vor der Wärmedämmung als eigene Schale aufgemauert und punktuell mit Ankern in der tragenden Wand befestigt werden. Da die meisten dafür verwendeten Steine eine hohe Widerstandskraft gegen mechanische Belastung aufweisen, sind diese Wandverkleidungen sehr robust. Noch dünnere Klinkerschalen können auch direkt auf Dämmschichten geklebt werden, sind dann aber mechanisch weniger belastbar als herkömmliche Vormauerungen.

Wände, die im Skelettbau aufgestellt wurden, müssen mit einer wetterfesten äußeren Schicht belegt werden. Der Schichtenaufbau ist abhängig von den technischen Erfordernissen, die sich vor allem aus der Tragkonstruktion und dem angestrebten Energiestandard ergeben. Die äußere Schicht kann auf ganz verschiedene Art ausgebildet werden. Die einfachste Variante ist die oben erwähnte Putzfassade, die in diesem Fall auf spezielle, in der Tragkonstruktion verankerte Trägerplatten aufgebracht wird.

Dem System Skelettbau angemessener sind allerdings Verkleidungen aus Latten, Brettern oder Tafeln, die im Trockenbau aufgebracht werden. Dafür steht eine breite Auswahl von Materialien zur Verfügung, die in allen denkbaren Texturen und Farben zu haben sind, aber auch individuell eingefärbt werden können:

- Naturbelassenes, nicht weiterverarbeitetes Holz kann in Form von Latten oder Brettern zum Einsatz kommen. Diese werden auf einer Unterkonstruktion aus einer oder zwei Schichten Traglatten befestigt, die in den tragenden Teilen verankert wird und so gleichzeitig die erforderliche Hinterlüftung sicherstellt.
- Auch in verarbeiteter Form kann Holz verwendet werden: Holzwerkstoffe wie mehrschichtige, wasserfest verleimte Tafeln oder Bauplatten, die aus Holzresten unter Verwendung von Leim, Zement oder ähnlichen Stoffen als Bindemitteln hergestellt werden, können ebenfalls in hinterlüfteter Konstruktion die oberste Schicht bilden. Die gestalterische Freiheit ist hier fast unbegrenzt, die Industrie bietet diese Platten in zahlreichen Farben und Dekoren an.
- Gleiches gilt für Fassadenplatten aus Faserzement (im Volksmund bekannt unter dem Namen eines von mehreren Herstellern: Eternit), die zwar relativ schwer sind, aber auch als besonders dauerhaft gelten und in vielen Farben und Oberflächentexturen zur Verfügung stehen.

Fassadenanstrich

Während Sie bei Wandverkleidungen die Farbe schon bei der Auswahl des Materials festlegen müssen, stehen Ihnen bei verputzten Wänden (und auch bei manchen Holzverkleidungen, deren Oberfläche bei Einbau noch nicht fertig behandelt ist) grundsätzlich Tausende von Farbtönen zur Verfügung. Beachten Sie aber, dass Material und Oberfläche des Untergrunds die Auswahl einschränken können: Verschiedene Putze (oder direkt anzustreichende Oberflächen aus Holz oder Stein) benötigen bestimmte Farbsysteme für ihren jeweiligen Anstrich, damit die Farbe gut hält und der Befall mit Moosen und Algen verhindert wird. Dies gilt insbesondere für Wärmedämmverbundsysteme, deren Aufbau durch alle Schichten bis hin zum Anstrich vom Hersteller vorgegeben wird. Auch ist in allen Systemen das zulässige Farbspektrum beschränkt: Um zu große Temperaturspannungen im Putz zu vermeiden, sind für Verbundsysteme nur Farben bis zu einem festgelegten Helligkeitsbezugswert zugelassen – in Alltagssprache bedeutet dies: Dunkle Oberflächen sind nicht möglich.

Ist ein finaler Anstrich erforderlich, wird er meist erst gegen Ende der Baumaßnahme aufgebracht, um Verschmutzungen der frisch aufgebrachten Farbe durch spätere weitere Bautätigkeiten zu vermeiden. Daher müssen Sie die Entscheidung über den genauen Farbton erst recht spät im Prozess treffen – dann wissen Sie auch schon, wie der Baukörper in seiner Umgebung wirkt. Da der Anstrich vermutlich über Jahrzehnte auf der Wand verbleiben wird, ist diese Entscheidung sehr wichtig für das langfristige Erscheinungsbild Ihres Hauses. Sie sollten sie daher mit Muße und ohne Zeitdruck treffen. Wir empfehlen Ihnen, sich vom Maler möglichst große Musterflächen (einen Quadratmeter oder größer) von einigen präferierten Farben aufbringen zu lassen: Dies wird Ihnen bei der Auswahl der Farbe sehr hilfreich sein.

Fenster und Außentüren

Bereits beim Entwurf des Hauses haben Sie sich mit der Ausrichtung, der genauen Position und Größe der Fenster Ihres künftigen Hauses beschäftigt. Vermutlich haben Sie in diesem Zusammenhang mit Ihrem Planer oder Hausanbieter auch schon über die Bauweisen und Materialien, vielleicht sogar schon über die Farben der Fenster gesprochen. Dies alles müssen Sie jetzt im Rahmen der Ausführungsplanung endgültig festlegen, bevor die Fenster ausgeschrieben und bestellt werden. Die Außenfarbe der Fensterrahmen (die sich übrigens grundsätzlich durchaus von der innen sichtbaren Farbe unterscheiden kann) muss selbstverständlich in das übergreifende Farbkonzept des Hauses, das von den Farben der Wände und des Daches bestimmt wird, passen. Falls Sie Holzfenster ausgewählt haben, sollten Sie darüber hinaus auch hier darauf achten, dass die Holzoberflächen relativ hell gestrichen werden, da die Temperaturspannungen und auch die Belastung des Lacks dann geringer ausfallen.

Für die Außensimse haben Sie zwar weniger Optionen als für die Fensterbretter in den Innenräumen (siehe Seite 101), aber auch hier können Sie nach Maßgabe des persönlichen Geschmacks und des Budgets zwischen verschiedenen Materialien auswählen. Beachten Sie den Zusammenhang zwischen Wandaufbau, Fenster und Sims: Nicht alle Simse eignen sich für jegliche Außenwand. Die üblichsten Baustoffe für Außensimse sind Bleche, zum Beispiel aus Titanzink (individuell für jede Öffnung vom Flaschner abgekantet), Aluminium (meist als Fertigsimse aus dem Katalog) sowie Platten aus Naturstein oder Kunststein.

Nachdem Sie sich in der Entwurfsplanung für ein Sonnenschutzsystem entschieden haben, gilt es in der Ausführungsplanung, die konkreten Produkte zu wählen und Farben und Oberflächen von deren Materialien zu bestimmen.

Die Eingangstüre ist das Erste, was ein Besucher von Ihrem Haus „in die Hand nimmt", und insofern gewissermaßen die Visitenkarte des Hauses. Sie wird entweder vom Schreiner oder Schlosser individuell hergestellt oder aus dem Katalog bestellt. Haustüren aus Holz oder Metall können entweder lackiert beziehungsweise lasiert oder mit einer ähnlichen Auswahl an Materialien belegt werden, wie wir sie oben im Abschnitt über Fassadenbekleidungen beschrieben haben. In Abhängigkeit vom Grundriss kann auch die Integration von Glasfeldern in der Eingangstür sinnvoll sein, die den Eingangsbereich mit natürlichem Licht versorgen und Ihnen ermöglichen, Besucher zu sehen, bevor Sie die Tür öffnen. Innen wird die Haustür als Beschlag eine Klinke haben, von außen kommen üblicherweise Knäufe und Stangen zum Einsatz, damit die Türe nicht geöffnet werden kann. In jedem Fall müssen Sie darauf achten, dass die Eingangstür nicht zur Schwachstelle in der Wärmedämmung der Gebäudehülle wird. Dafür gibt es verschiedene festgelegte Klimaklassen, die sich in der Dicke des Türblatts und der Anzahl der dichtenden Falze unterscheiden.

Details nicht vergessen

Neben den Materialien und Farben ist es auch die Gestaltung vieler Details, die das äußere Erscheinungsbild Ihres neuen Hauses bestimmen wird. Vordächer, Balkone, Außentreppen, Erker und ähnliche Bauteile prägen die Gestalt des Hauses in besonderer Weise. Bedenken Sie dies bei der Planung und der Auswahl der Materialien, Farben oder Produkte.

Vordächer schützen Außentüren vor Regen (wodurch sich deren Lebensdauer deutlich erhöhen lässt) und ermöglichen es, vor Regen geschützt nach Ihren Schlüsseln zu suchen. Sie können sowohl entwurflich in den Baukörper integriert werden – zum Beispiel, indem die Türe in einer Nische platziert wird oder das Obergeschoss auf der Eingangsseite auskragt – oder als eigenes Element an das Haus angehängt werden. Hinsichtlich der Materialien und Farben sind der Auswahl kaum Grenzen gesetzt. Neben auskragenden Bauteilen aus Beton, Metall oder Holz kommt häufig spezielles bruchsicheres Glas zum Einsatz, da es die natürliche Belichtung der Haustür kaum einschränkt.

Die wichtigste Anforderung an Balkongeländer und Außentreppen liegt naturgemäß in der Betriebstauglichkeit, vor allem der Rutschfestigkeit von Bodenbelägen und der Absturzsicherung. Eine wichtige Rolle spielt auch die Materialität. Von Hölzern und Holzwerkstoffen sowie Fassadenplatten aller Art reicht das Spektrum bis zu Stäben, Gittern oder gespannten Seilen aus Metall und Ganzglaskonstruktionen. Ein Auswahlkriterium sollte neben dem Erscheinungsbild auch die Lebensdauer sein, die wiederum von der Lage am Haus und der Ausrichtung abhängt. Beispielsweise eignen sich Holzbeläge nur bedingt für Balkone und Treppen, die dauerhaft verschattet sind, weil sie nach einem Regen nur langsam abtrocknen können, das Holz daher wenig dauerhaft sein wird.

Auch Nebengebäude wie Garagen, Carports und Geräteschuppen wirken zusammen mit dem Haus als Gesamtanlage und sollten daher sorgfältig gestaltet werden. Dabei kommt es unter anderem darauf an, dass das Wohngebäude die Hauptrolle im Ensemble spielen sollte. Dies erreichen Sie am besten, indem Sie die Nebenanlagen einfach und ihrer jeweiligen Funktion entsprechend gestalten. Auch können Sie ohne großen Aufwand etwas für die biologische Vielfalt und das Kleinklima auf Ihrem Grundstück tun, wenn Sie an den Fassaden der Nebengebäude Platz und Halt für Rankpflanzen schaffen. Auf den Dächern ergibt sich, sofern diese nicht als Terrassen genutzt werden, ganz von selbst Platz für Solaranlagen oder Dachbegrünung – auf Flachdächern lässt sich beides auch bestens kombinieren.

MATERIALIEN IM INNENBEREICH

S. 151

Die Auswahl der Materialien für den Innenbereich Ihres Hauses hat einen großen Einfluss nicht nur auf die Ästhetik der Räume, in denen Sie künftig leben wollen, sondern auch auf deren Nutzungseigenschaften. Achten Sie beispielsweise bei der Auswahl von Bodenbelägen auf deren Oberflächentextur (vor allem wenn Sie gerne barfuß gehen) und denken Sie an schallschluckende Oberflächen (Textilien, Teppiche o.ä.) zur Verbesserung der Akustik in den Wohnräumen.

Wände und Decken

Wände und Decken aus Mauerwerk und Stahlbeton können entweder in ihrem Material sichtbar belassen oder beschichtet werden. Die Ästhetik sichtbarer Steine oder roh belassenen Betons ist nicht jedermanns Sache und dem individuellen Geschmack überlassen. Weit verbreitet sind verputzte oder gestrichene Oberflächen: Der Putz beziehungsweise die Spachtelung gleichen Ungleichmäßigkeiten der rohen Wand aus, sorgen für eine ebene Oberfläche und verbessern den Feuchtigkeitsausgleich zwischen Wand und Raumluft, der Anstrich sorgt für eine ansprechende farbliche Gestaltung.
Ihre Auswahlmöglichkeiten beschränken sich auf die Materialeigenschaften verschiedener Putze und Wandfarben, über die ein Gipser oder Maler – häufig werden diese beiden Gewerke von denselben Firmen angeboten – Ihnen kompetent Auskunft geben kann, sowie selbstverständlich auf die Farbtöne, in denen die Innenräume gestrichen werden sollen.

Die Bezeichnung Sichtbeton beschreibt einen hohen Qualitätsstandard für die Ausführung der Betonoberfläche hinsichtlich des Schalungsbilds und der Freiheit von Unregelmäßigkeiten. Diesen Standard muss man beim Rohbauer mit erheblichen Zulagen zusätzlich bezahlen. Alternativ dazu kann man auch normal hergestellten Beton sichtbar belassen, wenn man eine eher raue Ästhetik schätzt – Ähnliches gilt für sichtbares Mauerwerk.

Innenwände von Häusern werden häufig im sogenannten Trockenbau aus Metallständern errichtet und anschließend mit Ausbauplatten beplankt. Diese Bauweise ist flexibel und kostengünstig. Zudem ermöglicht sie spätere Veränderungen ohne großen Aufwand. Allerdings muss bei Ständerwänden in der Ausführungsplanung genau definiert werden, falls sie erhöhten Anforderungen an die Schalldämmung zwischen den Räumen genügen müssen. Wenn Sie vorhaben, schwere Gegenstände (wie Küchen-Oberschränke) an Ständerwänden aufzuhängen, bedarf auch dies der vorherigen Festlegung (mehr dazu unter „Tragwerksmaterialien und statische Systeme" ab Seite 90). Besonders häufig kommen Oberflächen aus Gipskarton zum Einsatz.

Ständerwände aus Holz und Metall werden nach der Ausfüllung der Gefache (Bereiche zwischen den tragenden Holzteilen) mit einem nicht tragenden Bauteil abgedeckt. Dafür eignen sich vor allem Plattenmaterialien wie Gipskarton oder Holzwerkstoffe aller Art. Während Ausbauplatten aus Gipskarton aufgrund ihrer wenig attraktiven Oberfläche und abgerundeten Kanten immer an den Fugen gespachtelt und anschließend gestrichen werden müssen, kommen manche der für Wandverkleidungen geeigneten Holzwerkstoffe ohne weitere Behandlung der Oberfläche aus. Dies gilt vor allem für Werkstoffe, bei denen die Farbe und Struktur des Holzes sichtbar verbleiben, zum Beispiel Furnierplatten oder Lattungen.

Treppen

Im Rahmen der Ausführungsplanung werden auch die Treppen, deren Position bereits im Vorentwurf festgelegt wurde, im Detail geplant. Es gibt klare baurechtliche Vorgaben zur minimalen Breite und zur maximalen Steigung von Treppen in Wohnhäusern. Das ist insbesondere dann von Bedeutung, wenn die Treppe im Brandfall als Fluchtweg dienen muss – was bei Treppen in Einfamilienhäusern fast immer der Fall ist. Zudem besteht eine wechselseitige Abhängigkeit zwischen dem Steigungsmaß und der Tiefe des Auftritts jeder Treppenstufe, die sich aus der üblichen menschlichen Schrittlänge herleiten lässt. Das rechtlich zulässige Spektrum sinnvoller Steigungsverhältnisse lässt sich an nebenstehender Grafik ablesen.

Zur Vermeidung der Übertragung von Körperschall auf benachbarte Bauteile und in angrenzende Räume hat es sich bewährt, Treppenläufe nicht fest in Decken oder Wänden zu verankern, sondern elastisch aufzulegen, zum Beispiel auf Lagerschichten aus Neopren, einem synthetisch hergestellten Kautschukmaterial. Dadurch bleiben die Schrittgeräusche der Bewohner beim Begehen der Treppe weitgehend im Treppenlauf und stören die Umgebung weniger.

Man bezeichnet die horizontale Oberseite der Treppenstufen als Trittstufe, die Vorderseite der Stufe (sofern vorhanden) als Setzstufe. Treppen lassen sich üblicherweise besser begehen, wenn die Trittstufe nicht bündig mit der Vorderkante der Setzstufe abschließt, sondern um wenige Zentimeter über diese hinausragt. Überhaupt sind Setzstufen nicht zwingend erforderlich: es kann durchaus attraktiv sein, wenn Licht zwischen den Trittstufen hindurchfließen kann und auch Blickbeziehungen zwischen den Geschossen möglich sind. Trittstufen können entweder in ihrem konstruktiven Material sichtbar belassen werden (dies ist insbesondere bei Holztreppen häufig zu sehen), oder sie erhalten

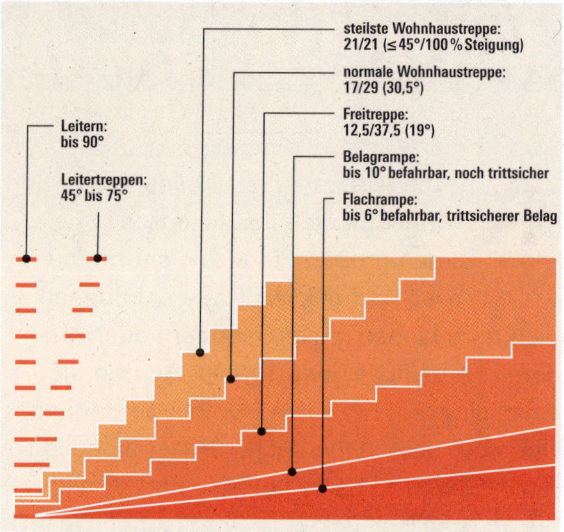

Diese Grafik zeigt übliche und sinnvolle Steigungsverhältnisse für verschiedene Arten von Treppen. Bei baurechtlich notwendigen Treppen muss der Auftritt (die horizontale Stufenfläche) nach DIN zwischen 23 und 37 Zentimeter lang sein, das Steigungsmaß muss zwischen 14 und 20 Zentimeter liegen. Die Summe aus zwei Steigungen und einem Auftritt soll zwischen 59 und 65 Zentimeter liegen – in diesem Bereich liegt die menschliche Schrittlänge – dann ist die Treppe bequem begehbar. Treppen im Außenraum (Vorgarten und Garten) sollen flacher sein als Treppen innerhalb von Häusern.

einen Belag, der mit den angrenzenden Bodenbelägen koordiniert sein sollte, das heißt, dass er diesen entsprechen oder sich bewusst davon absetzen sollte.

Wenn die Treppe elastisch gelagert ist, müssen Sie darauf achten, dass auch der Belag der Treppenstufen am oberen und unteren Ende der Treppe von den Belägen der angrenzenden Räume durch eine Fuge sauber abgetrennt wird – sonst sind Risse im Bodenbelag am Anfang und Ende der Treppe unvermeidlich.

Bodenbeläge

Bei der Auswahl des Bodenbelags muss man sich neben dem persönlichen Geschmack und den Ansprüchen an Hygiene und Ökologie auch vom Geldbeutel leiten lassen. Die Fülle an verfügbaren Materialien und Ausführungsarten ist groß und insofern unübersichtlich, als die Beläge von verschiedenen Gewerken hergestellt werden. Daher sollten Sie mit Ihrer Planerin die grundsätzlichen Optionen besprechen, bevor Sie sich genauere Informationen über bestimmte Beläge besorgen.

Beim Ausbau von Wohnungen sind derzeit Holzböden besonders beliebt. Sie sind dauerhaft, relativ leicht zu pflegen und „fußwarm", eignen sich also gut zum Barfußgehen. Es gibt sie in verschiedenen Ausführungen und Preisklassen, wobei die Faustformel lautet: je größer die verbauten Hölzer, desto teurer der Boden.

- **Industrie- oder Stäbchenparkett** wird aus Resthölzern hergestellt und ist daher relativ preiswert. Es stellt die kostengünstigste Möglichkeit dar, einen Echtholzboden in der Wohnung zu erhalten.
- **Klassische Parkettböden** gibt es in zahlreichen Verlegungsarten. Besonders gängig sind die Muster Fischgrät, Schachbrett und Mosaik, seltener und aufwendiger in der Herstellung sind Flechtmuster und Gitterstrukturen.
- **Dielenböden** bestehen aus relativ langen Hölzern, die im parallelen Verband verlegt werden. Sie sind zwar vergleichsweise teuer, zeichnen sich aber durch ein ruhiges Erscheinungsbild aus, das Räume größer wirken lässt.

Holzböden benötigen einen Unterbau, der meist aus mehreren Schichten bestehen muss, und sind daher in der Regel relativ dick. Daher sind sie sie bei Umbauten mit begrenzter Aufbauhöhe oft keine Option. Holzböden aller Art werden von einem eigenen Gewerk, dem Parkettleger, verlegt.

In südlichen Ländern sehr beliebt sind Bodenbeläge aus Fliesen oder Natursteinen. In unseren Breiten waren sie vor einigen Jahrzehnten ebenfalls sehr populär, sind aber seither ein wenig aus der Mode gekommen. Ihre Vorteile liegen in der Dauerhaftigkeit und Pflegeleichtigkeit, dem stehen Nachteile beim Flächengewicht und der Tauglichkeit zum Barfußgehen entgegen. Letzterer Aspekt lässt sich allerdings leicht dadurch entschärfen, dass unter den Fliesen eine Fußbodenheizung eingeplant wird. Wichtig: Wenn Sie in Ihrem Haus einen Fliesenboden wünschen, müssen Sie bei der Auswahl unbedingt darauf achten, dass die Fliesen für die Verlegung am Boden zugelassen sind. Diese Zulassung erfordert eine relativ raue, rutschhemmende Oberflächentextur.

Info: Fliesen richtig wählen

Welche Fliesenart für welchen Bereich in Ihrem Haus am besten geeignet ist, erkennen Sie an der Abriebklasse, die von 0 bis 5 reicht. Fliesen der Abriebklasse 0 sind als Fußbodenbelag nicht geeignet, während die extrem robusten Fliesen der Abriebklasse 5 vorzugsweise im gewerblichen Bereich zur Anwendung kommen, etwa in Eingangshallen von Hotels. Für private Wohnhäuser sind die Abriebklassen 2, 3 und 4 zu empfehlen, je nach Beanspruchung: Im Wohnbereich genügt in der Regel die Klasse 3, bei leichter Beanspruchung auch Klasse 2, während im Eingangsbereich und eventuell in der Küche auch Abriebklasse 4 zur Anwendung kommen kann. In Bädern und Schlafräumen, die ohne oder mit weichen Schuhen begangen werden, können auch Fliesen der Abriebklasse 1 verlegt werden.

Wer sich einen Boden mit der optischen Erscheinung von Holz oder Fliesen wünscht, aber auf das Material selbst keinen Wert legt, kann Böden aus Laminat in Betracht ziehen. Dies ist eine Trägerplatte aus verdichteten Holzfaserwerkstoffen, auf die in einem komplexen Schichtenaufbau eine Art „Fototapete" aufgebracht und nach oben dauerhaft versiegelt wird, die jede verfügbare Optik haben kann. Diese Böden sind pflegeleicht (feucht wischbar) und relativ günstig und benötigen keine großen Aufbauhöhen. Bei der Verlegung ist allerdings auf einen gut schallgedämpften Schichtenaufbau zu achten, damit der Boden beim Begehen mit harten Absätzen nicht klappert.

Teppichböden können einerseits eine sehr günstige Möglichkeit sein, einen Boden zu belegen. Andererseits gibt es auch hier sehr edle und kostspielige Materialien, deren Preis über den von einfachen Holz- und Steinböden weit hinausgeht. Am Teppichboden scheiden sich die Geister, weil seine Oberfläche nicht gewischt werden, sondern neben dem regelmäßigen Staubsaugen nur mit speziellen Reinigungsgeräten gepflegt werden kann. Diese Eigenschaft wird insbesondere von Allergikern kritisch gesehen, auch wenn in der Fachwelt umstritten ist, ob textile Bodenbeläge tatsächlich Allergien fördern.

Teppichböden werden von Raumausstattungsbetrieben angeboten und auch verlegt. Diese können Ihnen Musterbücher vorlegen, in denen Sie sich die Texturen und Farben ansehen können, und geben Ihnen Auskunft zu den Preisen für Material und Verlegung. Wenn Sie sich auf eine engere Auswahl einiger weniger Teppichböden konzentriert haben, können Sie sich davon auch größere Musterstücke zur Ansicht bestellen lassen.

Es gibt auch zahlreiche wischbare Bodenbeläge wie Linoleum oder Vinyl, die beim Raumausstatter von der Rolle verkauft und auch von ihm verlegt werden. Die meisten dieser Beläge sind in zahlreichen Farben und Dekoren erhältlich, auch in Holz- und Fliesenoptik. Es empfiehlt sich, eine möglichst neutrale Variante auszuwählen – das erhöht die Aussicht, dass in einigen Jahren die gewählte Farbe noch verfügbar ist, wenn Ausbesserungsarbeiten anstehen. Fragen Sie Ihren Raumausstatter, welche der verfügbaren Farben schon lange unverändert im Angebot sind.

Die Materialien unterscheiden sich vor allem hinsichtlich der Grundstoffe, aus denen sie hergestellt werden, und in Eigenschaften wie Oberflächentextur und Tauglichkeit für späteres Recycling. Neben den erwähnten ökologischen Eigenschaften der Materialien sollten Sie bei der Auswahl – wie beim Teppichboden – besonders auf die Haptik achten, da Sie auf dem Boden später auch mal barfuß laufen wollen. Weniger relevant ist hingegen der Geruch, den Sie schon bei den Materialmustern wahrnehmen – dieser verfliegt üblicherweise wenige Tage oder Wochen nach der Verlegung.

Abschließend sollen auch die sichtbaren Estriche nicht unerwähnt bleiben, die als Terrazzo in vielen historischen Gebäuden zu finden sind. Übliche industriell hergestellte Estriche, die als vor Ort gegossene, einebnende Tragschicht für Bodenbeläge aus Holz, Fliesen, Stein oder Rollenware zum Einsatz kommen, können nicht einfach als Endbelag verwendet werden, da sie „sanden", sprich: über eine lange Zeit Sand abgeben. Daher müssen Estriche speziell behandelt und beschichtet werden, wenn sie sichtbar bleiben sollen – oder man bestellt gleich spezielle Sichtestriche beim spezialisierten Estrichleger, die nach Feinschliff und Einlassen aussehen können wie der historische Terrazzo. Auch dafür gibt es zahllose Variationen und Farben, Sie sollten sich daher von Ihrem Planer und einer Fachfirma beraten lassen.

Böden im Sanitärbereich

In Sanitärräumen hat es sich bewährt, auf den Böden sowie an Wänden, auf die Feuchtigkeit direkt einwirken kann (zum Beispiel hinter Sanitärgegenständen) Fliesen zu verlegen. Diese sind widerstandsfähig gegen Wasser und relativ leicht zu pflegen. Dabei ist es wichtig, darauf zu achten, dass für Wand- und Bodenfliesen verschiedene Anforderungen an die Oberflächentextur gestellt werden: Bodenfliesen müssen – im Gegensatz zu Wandfliesen – relativ rau sein, damit Sie nicht ausrutschen, wenn Sie mit nassen Füßen darauf gehen.

Das Verlegen von Fliesen ist relativ aufwendig, weil der Untergrund gründlich vorbereitet (vor allem abgedichtet) werden muss, um die Dichtigkeit des Belags in seiner Gesamtheit sicherzustellen (Mörtelfugen zwischen Fliesen lassen sich nicht zuverlässig abdichten). Manche Bauherren haben den Ehrgeiz, dies selbst zu machen: Wer das will, muss sich aber darüber im Klaren sein, dass dann kein Handwerker eine Gewährleistung für die Dichtigkeit des Fliesenbelags bietet.

Die Größe der einzelnen Fliesen muss in Abhängigkeit von der Beschaffenheit des Untergrunds gewählt werden. In Neubauten ist es relativ einfach, ebene Wände herzustellen, die sich für die Verlegung großer Fliesen eignen. Hingegen finden sich in Bestandsgebäuden häufig unebene Bauteiloberflächen, auf denen nur kleinere Formate einfach verlegt werden können. Denken Sie daher bei der Auswahl der Fliesen immer auch an den Untergrund, für den sie vorgesehen sind.

Fensterleibungen und -bänke

Die Fenster müssen zusammen mit den Außenwänden eine lückenlos gedämmte Gebäudehülle bilden, daher werden sie üblicherweise in der Dämmebene der Wände eingebaut. Während im Holzbau und bei monolithischen Wänden (zum Beispiel aus gefüllten Hochlochziegeln) die Tiefenlage der Fenster recht flexibel ist, führt dies bei massiv gebauten Wänden mit außenliegender Dämmung (insbesondere bei Wärmedämmverbundsystemen) dazu, dass die Fenster relativ weit außen sitzen müssen. Daraus ergeben sich in den Innenräumen Nischen, die – in Abhängigkeit von der Wanddicke – recht tief ausfallen können.

Die Seitenflächen dieser Nischen werden als Leibungen bezeichnet. Sie haben meist die gleiche Oberfläche wie die umgebenden Wände (etwa Putz oder sichtbares Holz),- können aber auch bewusst in einem anderen Material gestaltet werden (zum Beispiel Holzleibungen in verputzten Wänden).

Die Unterseite der Nische, genannt Fensterbank oder Fenstersims, erhält hingegen bei weißen Wänden fast immer ein von der Wandoberfläche abweichendes Material, da gestrichener Putz oder Gipskarton auf horizontalen Flächen schnell schmuddelig werden, wenn man sich häufig darauf abstützt oder Dinge (insbesondere feuchte Gegenstände wie Blumentöpfe oder Ähnliches) darauf abstellt oder ablegt. Daher ist es sinnvoll, Fenstersimse aus robusten und nach Möglichkeit wischbaren Materialien herzustellen. Dafür eignen sich sowohl lackierte oder beschichtete Bretter aus Holz oder Holzwerkstoffen, Platten aus Naturstein oder Kunststein, Fliesen oder sonstige Plattenwerkstoffe aus Faserzement, Holzzement und Ähnlichem.

Sonnenschutz

Eine besonders wichtige Komponente für die Herstellung von Wohnkomfort ist der Schutz der Fensterflächen vor unangenehmen Wechselwirkungen wie unerwünschten Einblicken, Blendung durch Tageslicht und vor allem vor zu starker Erwärmung durch Sonneneinstrahlung.

Manche dieser Effekte lassen sich einfach durch intelligente entwurfliche Maßnahmen minimieren oder ganz eliminieren, beispielsweise durch die Anordnung von Fenstern mit hohen Brüstungen (oder auch mit satinierten Scheiben) auf Seiten des Gebäudes, die von Straßen und Wegen einsehbar sind. Nützlich bei der Vermeidung direkter Sonneneinstrahlung sind auch Dachüberstände und auskragende Bauteile.

Meist genügen diese planerischen Maßnahmen aber nicht für die vollständige Vermeidung der unerwünschten Effekte. Dann müssen zusätzliche technische Vorrichtungen den Wohnkomfort sicherstellen. Die gängigsten Systeme haben wir mit ihren Vor- und Nachteilen im Folgenden aufgelistet:

Innenliegende Vorrichtungen wie Vorhänge, horizontal schiebbare Lamellenstores oder vertikal laufende textile Rollos sind als Einblick- und Blendschutz oder zur Verdunklung bestens geeignet, weil sie flexibel konfiguriert werden können (etwa als mehrlagige Gardinen für den Schutz gegen unerwünschten Einblick oder als farbige Vorhänge für die Verdunklung) und auch relativ lange halten, da sie nicht dem Wetter ausgesetzt sind.

Um zu vermeiden, dass sich die Räume durch Sonneneinstrahlung aufheizen, sind hingegen außenliegende Systeme unerlässlich, die das Sonnenlicht daran hindern, die Glasscheiben zu durchdringen und sich in Wärme zu verwandeln. Eine relativ einfache Option ist die Verwendung von Sonnenschutzgläsern in direkt von der Sonne beschienenen Fenstern. Deren Schutzwirkung ist allerdings erheblich geringer als die der im Folgenden beschriebenen Systeme, hinzu kommt der Nachteil der farblichen Veränderung des einfallenden Lichts, die je nach eingesetzter Glassorte erheblich sein kann.

Der außenliegende Sonnenschutz mit der längsten Tradition sind Fensterläden, die heute sowohl als an Scharnieren aufgehängte Klappläden als auch als in Schienen geführte Schiebeläden zum Einsatz kommen. Sie sind stabil, wartungsarm und in Abhängigkeit vom verwendeten Material auch relativ pflegeleicht. Die meisten Systeme müssen bei geöffnetem Fenster manuell geöffnet und geschlossen werden, mechanisch (per Kurbel) oder elektrisch betriebene Läden sind aufwendig und daher eher selten. Fensterläden bestehen heute fast immer aus Holz und Holzwerkstoffen, Metall oder Kunststoffen und können sowohl als Systeme aus dem Katalog bestellt als auch von Handwerksbetrieben individuell hergestellt werden. Achten Sie unbedingt auf eine stabile Sicherung gegen angreifenden Wind, die sowohl im offenen als auch im geschlossenen Zustand funktionieren muss. Ein Nachteil von Fensterläden liegt darin, dass sie (sofern sie nicht mit Schlitzen oder ausklappbaren Öffnungen versehen sind) den dahinter liegenden Raum im geschlossenen Zustand nahezu vollständig abdunkeln.

Dieses Problem besteht genauso auch bei Rollläden mit Führung in seitlichen Schienen, die vermutlich das derzeit gängigste Sonnenschutzsystem darstellen. Sie bestehen meist aus Kunststoffen oder Aluminium, seltener – und erheblich teurer – auch aus Holz. Da Rollläden in ihrer geöffneten Position in über den Fenstern angeordneten Kästen gelagert werden, die üblicherweise gleichzeitig den Fenstersturz bilden und daher vom Rohbauer (Maurer oder Betonbauer) eingebaut werden müssen, ist die Entscheidung für oder gegen dieses System sehr früh erforderlich. Auch bilden die Rollladenkästen meist Schwachstellen in der Wärmedämmung der Wände, die kompensiert und somit in der Ausführungsplanung von Anfang an berücksichtigt werden müssen.

Ein sehr vielseitiges und flexibles Sonnenschutz-System sind Jalousien (die in der Fachsprache auch als Raffstores bezeichnet werden). Sie bestehen aus einzelnen Lamellen, die aus Aluminium oder Kunststoffen hergestellt sind und in seitlichen Schienen oder/ und an Schnüren geführt werden. Der große Vorteil dieses Systems liegt darin, dass die Lamellen nicht nur ganz aus der Fensteröffnung entfernt, sondern auch im ausgefahrenen Zustand in ihrer Neigung verändert werden können. Dadurch ist eine sehr feine Steuerung des Lichteinfalls in den Raum möglich, von weitgehender Abdunklung bis zur bloßen Verschattung.

Schwächen der Jalousien liegen darin, dass sie keine vollständige Abdunklung von Räumen bieten können (wobei spezielle überlappende Lamellenausbildungen dem schon sehr nahe kommen), und in ihrer konstruktionsbedingten Empfindlichkeit gegen mechanische Beschädigungen (unter anderem durch Wind oder Hagelschlag).

Weniger weit verbreitet, aber durchaus attraktiv sind textile Lösungen wie außenliegende Stoffrollos. Sie halten Sonneneinstrahlung aus den Innenräumen fern, eignen sich aber nur bedingt zur Verdunklung von Räumen, da nur helle Stoffe das Sonnenlicht gut reflektieren können. Der Ästhetik steht ein relativ hoher Wartungsaufwand sowie eine Empfindlichkeit gegen einfallenden Wind gegenüber. Textile Markisen sind als Sonnenschutz für Balkone und Terrassen sehr gut geeignet und leisten zusätzlich einen Beitrag zum Sonnenschutz für die dahinter gelegenen Wohnräume- Allerdings sind sie durch Wind besonders stark gefährdet.

Die Entscheidung zwischen den aufgelisteten Systemen hängt neben den beschriebenen funktionalen Vor- und Nachteilen selbstverständlich auch von gestalterischen und wirtschaftlichen Aspekten ab. Vermutlich haben Sie und Ihr Planer eine ästhetische Vorstellung von Ihrem künftigen Haus, in der der ausgewählte Sonnenschutz als optisch prägender Bauteil eine wichtige Rolle spielen wird. Hausanbieter und kompetente Fachfirmen können Ihnen zusätzlich die Kosten der verschiedenen Systeme im Vergleich angeben, damit Sie auf dieser Grundlage eine fundierte Auswahl treffen können.

Unabhängig davon, für welches Sonnenschutz-System Sie sich entscheiden, sollten Sie nicht darauf hoffen, dass die gewählten Bauteile Ihr Haus vor Einbruch schützen. Polizeibehörden weisen immer wieder darauf hin, dass Einbrecher auch an soliden Fensterläden oder Rollläden recht problemlos vorbeikommen.

Innentüren

Die zentrale Anforderung an Innentüren besteht neben dem Sichtschutz und der Gestaltung in der Schalldämmung. Wie stark die geschlossene Tür Schall abhält, hängt vor allem von der Art und dem Material der Türzarge, der Qualität der umlaufenden Dichtungen sowie vor allem von Grundmaterial, Schichtenaufbau und Gewicht des Türblatts ab. Hochwertige Türblätter sind relativ schwer, was neben der Robustheit auch ihre Schallschutzeigenschaften verbessert. Daraus erklären sich auch die erstaunlichen Preisunterschiede zwischen einfachen und hochwertigen Innentüren. Die Innentüren werden vom Schreiner produziert (oft auch in Teilen oder ganzen Elementen aus industrieller Herstellung bestellt) und eingebaut.

Die meisten erschwinglichen Türen bestehen aus Holzwerkstoffen wie Röhrenspanplatten, Türen aus Massivholz sind selten geworden und haben auch den Nachteil, dass sie sich leichter von selbst verziehen und dann nicht mehr dicht schließen.

Als Beschichtungsmaterialien kommen verschiedene Werkstoffe in Betracht. Am häufigsten werden heute Laminate (vor allem das mit HPL abgekürzte „High Pressure Laminate", das aus Papier und Kunstharzen besteht) eingesetzt. Sie werden flächig auf das Türblatt aufgebracht und haben sich als sehr widerstandsfähig und dauerhaft erwiesen. Bei der Auswahl von Oberflächen, Farben und Dekors dieser Beschichtungen sind Ihrer Fantasie kaum Grenzen gesetzt, allerdings differieren auch hier die Preise der verschiedenen Materialien erheblich.

Zimmer statt Schrank

Möbel lassen sich auch durch Räume ersetzen: Anstelle von Vorratsschränken in der Küche können Vorratsräume, anstelle von Kleiderschränken eigene Ankleideräume (als begehbare Kleiderschränke) treten. Ankleideräume sollten nach Möglichkeit über ein Fenster verfügen, denn die Wahrnehmung von Farben unterscheidet sich stark, je nachdem, ob Sie Ihr Outfit bei natürlichem oder künstlichem Licht begutachten.

Türzargen

Die Rahmen, mit denen die Türen in den Wänden befestigt sind, werden als Zargen bezeichnet. Man unterscheidet zwischen folgenden Systemen:

- Umfassungszargen sind kostengünstig, da sie üblicherweise industriell vorgefertigt werden. Sie sind weit verbreitet und können sowohl aus Holzwerkstoffen als auch aus Metall bestehen. Sie greifen dreiseitig um die Wandstirn herum und decken somit die Wandoberfläche rund um die Türöffnung ab. Dadurch bleibt diese nicht sichtbar und muss daher vor dem Einbau der Zarge nicht sauber bearbeitet werden, was die Kosten senkt.
- Hingegen muss die Türöffnung für den Einbau von Blockzargen präzise begradigte Ränder aufweisen, da diese sichtbar bleiben. Blockzargen werden in die Öffnung eingebaut, ihre Oberflächen schließen dann (zumindest auf einer Raumseite) bündig mit der Wand ab. Sie bestehen meist aus Holz oder Holzwerkstoffen und sind erfahrungsgemäß teurer als Umfassungszargen. Nur mit Blockzargen lassen sich Türen bündig in Wände integrieren, was gestalterisch erwünscht sein kann.

Schiebetüren haben im Vergleich zu normalen (Dreh-)Türen den Vorteil, dass sie im geöffneten Zustand nicht in den Raum hineinragen und dort weder Platz wegnehmen noch die Nutzung einschränken. Dies wird erkauft mit höherem Aufwand für die Beschlagstechnik und den Einbau sowie einem höheren Bedarf an Pflege und Wartung im Alltag zur Erhaltung der Funktion. Zudem werden Schiebetüren nur mit hohem technischem Aufwand (zum Beispiel mit beweglichen Dichtungen) das Maß an Schalldämmung erreichen, das bei einer normalen Klapptür selbstverständlich vorhanden ist. Daher sollten Sie sich genau überlegen, ob – und an welchen Öffnungen – Sie Schiebetüren in Ihrem Haus haben wollen.

An manchen Stellen im Haus kann es sinnvoll sein, über der Tür bis zur Decke ein festes Glasfeld einzubauen, damit Licht vom einen in den anderen Raum dringen kann. Dies ist besonders nützlich bei Nebenräumen wie Bädern, WCs oder Abstellräumen, die kein eigenes Fenster haben. Insbesondere bei Sanitärräumen ist der positive Nebeneffekt, dass man vom Flur aus sehen kann, wenn der Raum gerade benutzt wird.

Info Anschlagrichtung prüfen

Achten Sie bei der Prüfung der Ausführungspläne darauf, dass die Anschläge aller normalen Türen korrekt angegeben sind – das heißt: dass sich die Türen in die richtige Richtung öffnen. Dies ist bei normalen Türen wichtiger als bei Schiebetüren. Hier lohnt sich ein Vergleich mit der Entwurfsplanung, in der die Öffnungsrichtungen von Türen bereits bedacht sein müssen.

Besondere Bauteile

An manchen Stellen im Haus ist es sinnvoll, die gewünschten Möbel nicht zu kaufen, sondern direkt und fest einbauen zu lassen. Dies ist sehr üblich bei Einbauküchen (vgl. Seite 68 ff.), die fast immer individuell geplant, bestellt und fest mit dem Haus verbunden werden.

Darüber hinaus können Schreiner durch die Maßanfertigung von Möbeln aller Art manch schwierige Ecke eines Hauses einer sinnvollen Nutzung zuführen. Auch lassen sich durch maßgeschneiderte Einbaumöbel besondere Situationen im Haus gestalterisch akzentuieren. Bei intelligenter Planung können sogar anderweitig notwendige Bauteile wie Trennwände, Geländer und Ähnliches, wenn sie als Einbaumöbel ausgeführt werden, zusätzliche Funktionen übernehmen. Dadurch lassen sich auch in nicht unerheblichem Maße Kosten sparen. Im Folgenden stellen wir Ihnen einige Beispiele dafür vor:

- **Trennwände zwischen Räumen** können durch raumhohe Einbauschränke ersetzt werden, die grundsätzlich von beiden Seiten her zugänglich sein können – allerdings müssen Sie dabei bedenken, dass der Schallschutz zwischen den Räumen dann schlechter sein wird als bei massiven Wänden oder mit Dämmung gefüllten Leichtbauwänden.
- **Notwendige Geländer oder Brüstungen** an Treppen, Galerien und Ähnlichem lassen sich als Kommoden, Sideboards oder Bücherregale ausbilden und machen sich dann neben ihrer Schutzfunktion auch noch als Stauraum nützlich. Allerdings müssen sie fest im Boden oder an der Treppe verankert sein, damit die Absturzsicherung gewahrt ist.
- **Einbauschränke** eignen sich nicht nur bestens zur Aufbewahrung von Dingen, sondern können auch technischen Komponenten wie Schalt- und Sicherungskästen, Heizungsverteilern und Ähnlichem Raum bieten, sofern diese nicht alltäglich zugänglich sein müssen.

HAUSTECHNIK

Das Leistungsspektrum sowie die übergeordneten Eigenschaften der gebäudetechnischen Anlagen Ihres künftigen Hauses haben Sie bereits im Rahmen der Entwurfsplanung mit Ihrer Planerin beziehungsweise Ihrem Planer und den Spezialisten für die Technikgewerke festgelegt. Im Rahmen der Ausführungsplanung legen die Fachleute die Trassen fest, auf denen Medien wie Frischwasser, Brennstoffe oder Heizwärme, Strom und Daten ins Haus kommen, im Haus verteilt werden und das Haus teilweise (zum Beispiel als Schmutzwasser) auch wieder verlassen. An diesen Planungen müssen Sie sich als Bauherrin oder Bauherr nicht direkt beteiligen, Sie können deren Ergebnis (die Leitungsführung sowie deren Auswirkungen auf die Räume und Bauteile zum Beispiel durch Schächte, Wand- und Deckendurchbrüche) in den fertigen Werkplänen sehen und nachvollziehen, wenn Ihr Planer die Beiträge der Fachleute dort eingearbeitet hat.

Was Sie in dieser Phase, die auch und besonders im Bereich Haustechnik die Stunde der Fachleute ist, noch erledigen können und müssen, ist die Auswahl derjenigen Bauteile und Ausstattungsgegenstände, durch die sich die haustechnischen Anlagen im Haus präsentieren und mit denen Sie auf die bereitgestellten Medien zugreifen und diese nutzen können: Sanitärgegenstände, Schalter und Steckdosen, Lüftungsauslässe, vielleicht auch Heizkörper.

Ausstattung Heizung/Sanitär

Die Ausstattung, Anordnung und Gestaltung der Sanitärräume Ihres Hauses haben Sie zweifellos bereits im Rahmen der Entwurfsplanung grundlegend definiert – die wichtigsten Kriterien und Empfehlungen dazu sind im Kapitel „Entwurfsplanung“ ab Seite 75 zusammengefasst. In der Ausführungsplanung kümmert sich der Fachplaner um die Bemessung und Führung der Leitungen, die Ihre Sanitärgegenstände mit Wasser versorgen und auch die kontrollierte Ableitung des Schmutzwassers sicherstellen.

Sofern nicht schon geschehen, müssen Sie jetzt noch die Sanitärgegenstände (die im Volksmund oft als „Keramik“ bezeichnet werden, obwohl sie häufig aus ganz anderen

Ausführungspläne Lüftung (oben) und Heizung/Sanitär (im Original im Maßstab 1:50)

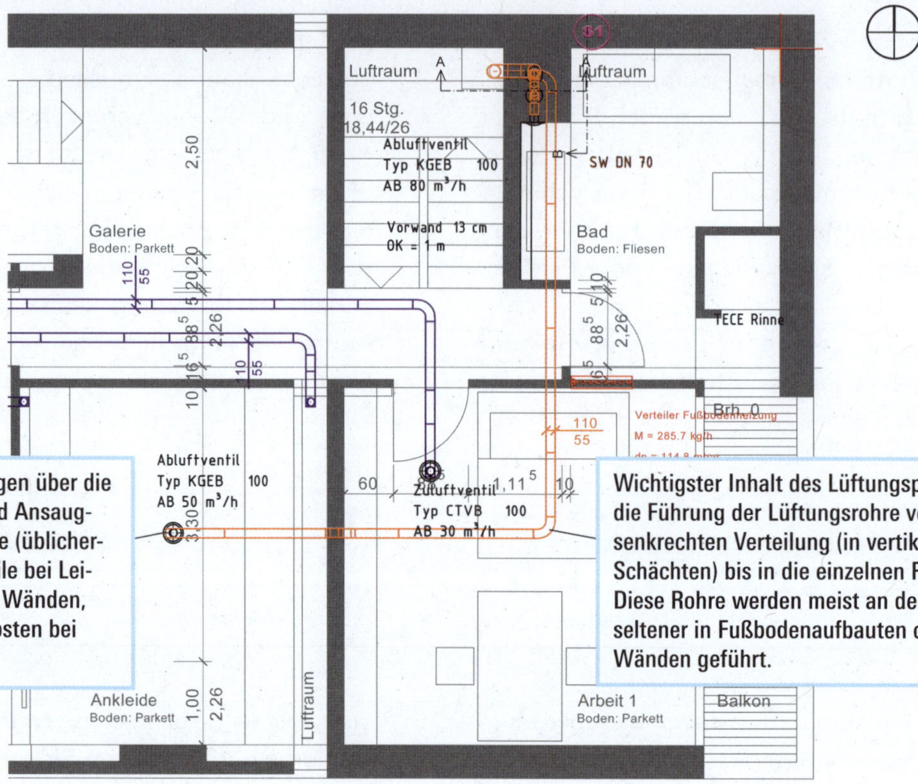

Der Lüftungsplan trifft Aussagen über die Lage und Art der Ausblas- und Ansaug-Öffnungen der Lüftungsanlage (üblicherweise Teller- oder Schlitzventile bei Leitungsführung in Decken oder Wänden, Unterflurventile unter Gitterrosten bei Führung im Boden).

Wichtigster Inhalt des Lüftungsplans ist die Führung der Lüftungsrohre von der senkrechten Verteilung (in vertikalen Schächten) bis in die einzelnen Räume. Diese Rohre werden meist an der Decke, seltener in Fußbodenaufbauten oder Wänden geführt.

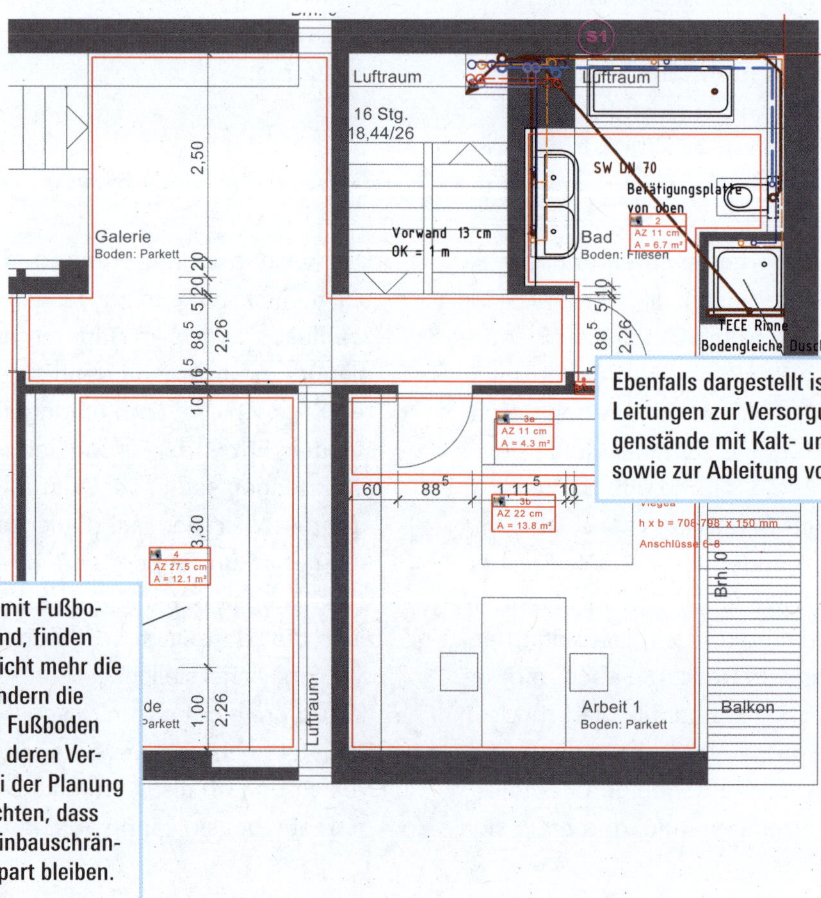

Ebenfalls dargestellt ist die Führung der Leitungen zur Versorgung der Sanitärgegenstände mit Kalt- und Warmwasser sowie zur Ableitung von Schmutzwasser.

Da heute die meisten Häuser mit Fußbodenheizungen ausgestattet sind, finden sich in den Heizungsplänen nicht mehr die Positionen der Heizkörper, sondern die Abgrenzung der Heizfelder im Fußboden sowie die Leitungsführung zu deren Versorgung mit Warmwasser. Bei der Planung der Heizfelder ist darauf zu achten, dass fest eingebaute Möbel (wie Einbauschränke, Badewannen etc.) ausgespart bleiben.

Materialien wie Metall oder Kunststoff bestehen) bemustern und auswählen. Dafür stehen Ihnen neben den Katalogen der einschlägigen Hersteller sowie deren Seiten im Internet auch Großhandelsbetriebe zur Verfügung, die häufig geräumige Ausstellungsräume anbieten, in denen sich viele Sanitärobjekte besichtigen und oft auch in ihrer Funktion ausprobieren lassen. Insbesondere im Bereich Armaturen (Wasserhähne, Duschköpfe und ähnliches) geht auch die technische Innovation schnell voran, sodass eine tagesaktuelle Beratung umso sinnvoller ist.

Denken Sie bei der Auswahl von Waschtischen, WC-Schüsseln, Wannen und den dazu passenden Wasserhähnen, Spülkästen und Duscharmaturen nicht nur an Ihren ganz aktuellen Geschmack, sondern auch daran, dass Sie das Haus vielleicht in einigen Jahren wieder verkaufen wollen – vielleicht an einen Käufer, der einen ganz anderen Geschmack hat als Sie selbst. Dann wirken extravagante Ausstattungsgegenstände oft nur befremdlich – und dadurch letztlich wertmindernd –, wogegen bei hochwertigen Objekten in schlichter Gestalt eine hohe Akzeptanz und lange ästhetische Lebensdauer zu erwarten sind.

Da heute bei neu gebauten Häusern schon aufgrund der gültigen gesetzlichen Vorschriften die Wärmeverluste durch die Gebäudehülle und den Luftwechsel sehr gering sind, setzen sich Heizungssysteme mit niedrigen Vorlauftemperaturen mehr und mehr durch. Da diese auf große Flächen zur Abgabe der Heizwärme angewiesen sind, wofür nur flächige Bauteile wie Böden, Wände und Decken infrage kommen, sind Heizkörper selten geworden. Allenfalls in Bädern kommen sie für die Vorwärmung und Trocknung von Handtüchern weiterhin zum Einsatz. Dafür gibt es besondere Heizkörper mit großen Abständen zwischen den Röhren, die (in Abhängigkeit von der Vorlauftemperatur der Heizanlage) auch mit elektrischen Zusatzregistern zur Temperaturerhöhung ausgerüstet werden können.

Wenn eine zentrale Lüftungsanlage eingebaut wird, deren Leitungen an der Decke verlaufen, zeigt sich diese in den Räumen mindestens in Form von Auslässen und Ansaugöffnungen, manchmal auch in Form von verkleideten Lüftungskanälen oder offen geführten Lüftungsrohren. Der Verlauf des Rohrsystems und die Position der Öffnungen müssen geplant, die Abdeckungen als Produkte ausgewählt werden. Neben üblichen Tellerventilen und Gittern stehen auch linienförmige Öffnungen zur Auswahl. Bei einer Verlegung der Lüftungsleitungen am Boden (üblicherweise im Estrich) kommen meist liegende Lüftungsgitter oder -schlitze zum Einsatz.

Ausstattung Elektro

Wenn Sie die elektrische Ausstattung bereits im Rahmen der Entwurfsplanung (vgl. Seite 81 ff.) durchdacht und festgelegt haben, bleibt Ihnen zu diesem Thema im Rahmen der Ausführungsplanung nicht mehr sehr viel zu tun. Sie müssen jetzt nur noch einige wenige Bauteile und Ausstattungsgegenstände auswählen, durch die die elektrische Anlage in den Räumen sichtbar wird, nämlich:

- **Schalter** für Licht und sonstige elektrisch betriebene Funktionen (zum Beispiel den Sonnenschutz), nach Möglichkeit aus demselben Programm wie die
- **Abdeckungen** für Steckdosen,
- **Leuchten,** die fest eingebaut (und somit von der ausführenden Elektroinstallationsfirma geliefert und montiert) werden sollen, zum Beispiel die Decken- oder Wandleuchten für die Allgemeinbeleuchtung von Räumen, Strahler oder Fluter für die Betonung bestimmter Punkte oder Flächen auf Wänden und Decken sowie kleinere Effektleuchten, die an Treppen, über Türen und an ähnlichen Orten platziert sind.

Auch die Leuchten im Außenbereich, deren Position und Art in der Entwurfsplanung

Ausführungsplan Elektrische Anlage (im Original im Maßstab 1:50)

Zur Prüfung der Lage von Schaltern für Leuchten und schaltbare Steckdosen ist es sinnvoll, sich die alltäglichen Wege durch das Haus vorzustellen und darüber nachzudenken, von welcher Stelle (etwa der Zimmertür, dem Treppenzugang …) welche Leuchte ein- und ausgeschaltet werden soll.

Fest eingebaute Leuchten und Auslässe für Hängeleuchten sollen im Ausführungsplan in ihrer genauen Lage vermaßt werden, damit Sie das Verhältnis der Lichtquellen zur Möblierung des Raums beurteilen können.

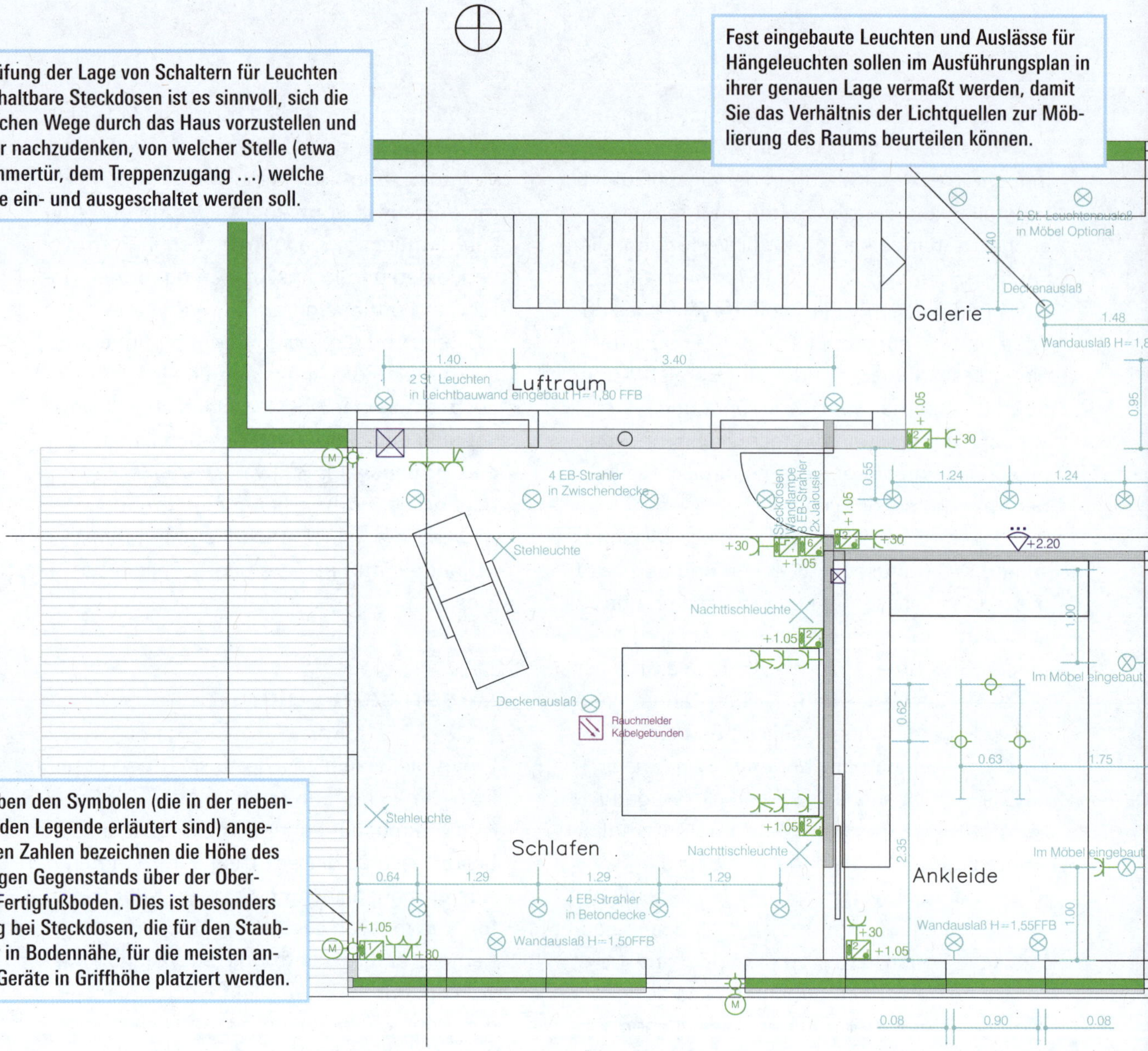

Die neben den Symbolen (die in der nebenstehenden Legende erläutert sind) angegebenen Zahlen bezeichnen die Höhe des jeweiligen Gegenstands über der Oberkante Fertigfußboden. Dies ist besonders wichtig bei Steckdosen, die für den Staubsauger in Bodennähe, für die meisten anderen Geräte in Griffhöhe platziert werden.

festgelegt worden sind, müssen jetzt noch ausgewählt werden. Dabei müssen Sie darauf achten, dass die gewählten Leuchten eine spezielle Zulassung für die Verwendung im Freien aufweisen – und zwar auch dann, wenn sie vor Regen geschützt unter einem Dach angebracht werden sollen.

Schließlich sollten Sie noch darauf achten, ob die im Haus benötigten Starkstromanschlüsse in den Planunterlagen vorgesehen und an den richtigen Stellen angeordnet sind. In den meisten Wohnungen ist ein solcher Anschuss nur für den elektrischen Herd und Ofen erforderlich. Sofern Sie aber technische Geräte oder Ausstattungsgegenstände betreiben wollen, die für ihre Funktion Starkstrom benötigen, müssen Sie dies spätestens jetzt festlegen. Solche Geräte könnten (unter anderem) folgende sein:

- **elektrische Saunen**
- **Brennöfen** (zum Beispiel für Keramik)
- **Komponenten der Heizungsanlage,** abhängig vom System (stellen Sie sicher, dass die Fachplaner und ausführenden Firmen für die Heizung und die elektrische Anlage sich untereinander abstimmen)
- **Ladestationen** für Elektrofahrzeuge (sogenannte Wall-Boxen).

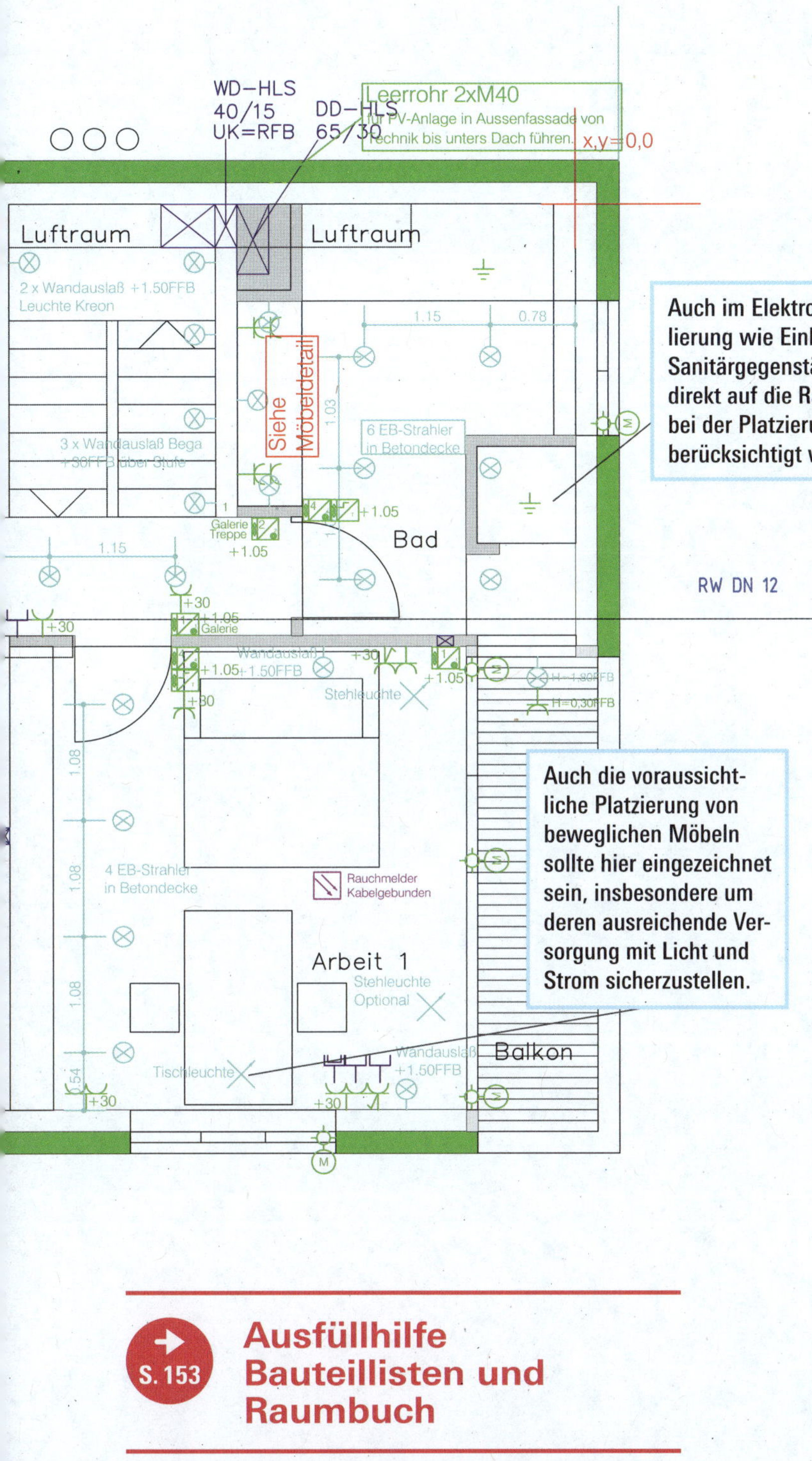

Auch im Elektroplan müssen fest eingebaute Möblierung wie Einbauschränke oder -regale sowie Sanitärgegenstände dargestellt sein, da sie sich direkt auf die Raumbeleuchtung auswirken und bei der Platzierung von Schaltern und Steckdosen berücksichtigt werden müssen.

Auch die voraussichtliche Platzierung von beweglichen Möbeln sollte hier eingezeichnet sein, insbesondere um deren ausreichende Versorgung mit Licht und Strom sicherzustellen.

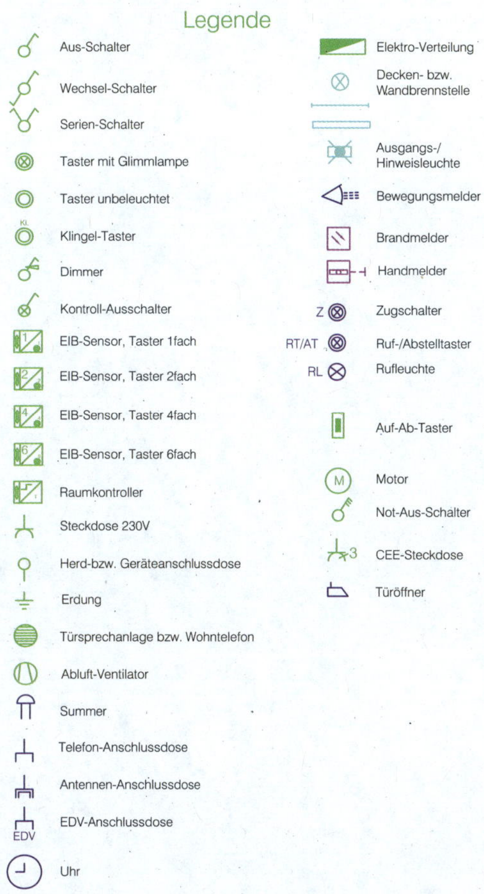

S. 153

Ausfüllhilfe Bauteillisten und Raumbuch

In die Liste der Bauteile und Materialien können Sie sowohl die Baustoffe der wichtigsten Bauteile, die die äußere Gestalt und die innere Atmosphäre Ihres künftigen Hauses bestimmen, als auch deren Herstellerfirmen, Oberflächen und Farben eintragen. Hier sind nur die übergeordneten Elemente des Gebäudes gemeint: Für nähere Informationen zu einzelnen Räumen gibt es in den Raumbuchseiten ab Seite 153 weitere Listen, die Sie ausfüllen können.

SERVICE

REGISTER

Die Stiftung Warentest wurde 1964 auf Beschluss des Deutschen Bundestages gegründet, um dem Verbraucher durch vergleichende Tests von Waren und Dienstleistungen eine unabhängige und objektive Unterstützung zu bieten.

Stiftung Warentest
Lützowplatz 11–13
10785 Berlin
Telefon 0 30/26 31–0
Fax 0 30/26 31–25 25
www.test.de
email@stiftung-warentest.de

USt-IdNr.: DE136725570

Vorstand: Hubertus Primus
Weitere Mitglieder der Geschäftsleitung:
Dr. Holger Brackemann, Julia Bönisch, Daniel Gläser

Programmleitung: Niclas Dewitz
Autor: Rüdiger Krisch

Projektleitung/Lektorat: Philipp Sperrle
Korrektorat: Christoph Nettersheim, Nürnberg
Titelentwurf: Josephine Rank, Berlin
Layout: Martina Römer, Berlin
Grafik, Satz: Anna Bakalovic, Gestaltung
Bildnachweis: Fotolia, iStock (Titel);
Pläne: Krisch Partner Architekten BDA, Tübingen, außer
S. 108/109: Ingenieurbüro Zeeb + Frisch, Kirchentellinsfurt;
S. 106: Andreas Präffcke, Tübingen

Produktion: Vera Göring
Verlagsherstellung: Rita Brosius (Ltg.),
Susanne Beeh, Romy Alig
Druck: Fromm + Rasch GmbH & Co. KG., Osnabrück

ISBN: 978-3-7471-0485-9

Wir haben für dieses Buch 100 % Recyclingpapier und mineralölfreie Druckfarben verwendet. Stiftung Warentest druckt ausschließlich in Deutschland, weil hier hohe Umweltstandards gelten und kurze Transportwege für geringe CO_2-Emissionen sorgen. Auch die Weiterverarbeitung erfolgt ausschließlich in Deutschland.

CHECKLISTEN UND PROTOKOLLE

Service

Alle Formulare können Sie kostenlos unter **www.test.de/praxismappe-bauplanung** abrufen.

Wer ist an der Hausplanung beteiligt?

Nutzen Sie diese Liste, um die wichtigen Informationen zu allen an der Planung Ihres Hauses beteiligten Personen auf einen Blick verfügbar zu haben.

	Firma/Ansprechpartner	Kontaktdaten	Beauftragt am
Grundstück			
Makler			
Verkäufer			
Notar			
Planungsteam			
Architekt			
Hausanbieter			
Energieberater			
Fachplaner Tragwerk			
Fachplaner Heizung			
Fachplaner Lüftung			
Fachplaner Sanitäre Anlage			
Fachplaner Elektrische Anlage			
Fachplaner Vermessung			
Gutachter Baugrund			

Behörden	**Behörde/Ansprechpartner**	**Telefon/E-Mail**	**Unterlagen eingereicht am**
Stadtplanung			
Baurecht			
Grundbuch			

Versorgungsträger	**Anbieter/Ansprechpartner**	**Telefon/E-Mail**	**Beauftragt am**
Wasser			
Strom			
Heizenergie			

Grundstückssuche

Nutzen Sie dieses Formular, um verschiedene infrage kommende Grundstücke anschaulich miteinander vergleichen zu können. Ordnen Sie den Kriterien Prioritäten (1, 2, 3 ...) zu, je nachdem, welche für Sie besonders wichtig sind. Verwenden Sie für jedes Grundstück ein eigenes Formular.

Adresse des Grundstücks: ______________________ ______________________

Größe des Grundstücks: ________ m^2

Preis des Grundstücks: ______________ Euro

Kriterium	**Priorität**		**Bemerkungen**
Wohnort: Verkehrsanbindung			
Arbeitsplatz erreichbar mit:		**Wegdauer**	
☐ Fahrrad oder zu Fuß	☐	______	______
☐ öffentlichen Verkehrsmitteln	☐	______	______
☐ nur mit dem Pkw	☐	______	______
Wohnort: Infrastruktur			
Bildung		**Entfernung**	
☐ Kindertageseinrichtung	☐	______	______
☐ Kindergarten	☐	______	______
☐ Grundschule	☐	______	______
☐ weiterführende Schulen	☐	______	______
☐ Hochschule/n	☐	______	______
Gesellschaft			
☐ Kirchengemeinde	☐	______	______
☐ Vereine	☐	______	______
Versorgung			
☐ Einkaufsmöglichkeiten	☐	______	______
☐ Bank/Sparkasse	☐	______	______
☐ Geldautomat	☐	______	______
☐ Friseur	☐	______	______
Was fällt Ihnen noch ein?		______	______
Freizeitgestaltung			
☐ Kino/Theater	☐	______	______
☐ Restaurants	☐	______	______
☐ Sportvereine	☐	______	______
☐ Fitness-Studio	☐	______	______
Was fällt Ihnen noch ein?		______	______

Kriterium	Priorität			Bemerkungen
Quartier: Struktur				
		Ja/Nein		
Neubaugebiet (Nachbarn ziehen etwa zur selben Zeit ein)	☐	☐	☐	____
Bestandsgebiet (gewachsene Nachbarschaft)	☐	☐	☐	____
Quartier: Bewohnende				
Durchmischte Bewohnerschaft?	☐	☐	☐	____
Schwerpunkt auf ähnlichen Haushalten wie dem unsrigen?	☐	☐	☐	____
Leben Kinder dort? Wenn ja: in ähnlichem Alter wie unsere?	☐	☐	☐	____
Quartier: Infrastruktur				
		Wegdauer zu Fuß		
Spielplatz	☐	____		____
Freizeitsport (Joggen)	☐	____		____
Alltagsversorgung (z. B. Bäcker)	☐	____		____
Grundstück: Größe und Zuschnitt				
		Ja/Nein		
Entspricht die Grundstücksgröße unseren Erwartungen?	☐	☐	☐	____
Passt das Verhältnis zwischen Länge und Breite für das Haus, das wir uns vorstellen?	☐	☐	☐	____
Bleibt neben dem Haus ein genügend großer Garten übrig?	☐	☐	☐	____
Ist der Grundstückspreis je qm angemessen und marktgerecht?	☐	☐	☐	____
Können wir uns angesichts der Grundstückspreise die gewünschte Grundstücksgröße überhaupt leisten?	☐	☐	☐	____

Kriterium	Priorität			Bemerkungen
Grundstück: Bebaubarkeit				
		Ja/Nein		
Ist unser Raumprogramm im laut Bebauungsplan zulässigen Haus unterzubringen?	☐	☐	☐	______
Liegt das „Baufenster" an der richtigen Stelle im Grundstück?	☐	☐	☐	______
Ist es möglich, die Zufahrt sinnvoll anzuordnen?	☐	☐	☐	______
Behagt uns die zulässige Dachform?	☐	☐	☐	______
Grundstück: Ausrichtung				
Kann das Haus in die gewünschte Richtung orientiert werden?	☐	☐	☐	______
Liegt der Garten auf der richtigen Seite des Hauses?	☐	☐	☐	______
Grundstück: Topografie				
Lässt sich die Hangneigung mit den Vorstellungen vom Haus in Einklang bringen?	☐	☐	☐	______
Grundstück: Weitere Qualitäten				
Ist eine Aussicht in die Ferne vorhanden? Prüfen Sie dies nicht nur vom Grundstück aus, sondern stellen Sie sich auch die möglichen Obergeschosse vor.	☐	☐	☐	______
Gibt es vorhandene Bäume und Sträucher, die erhalten werden und den Garten aufwerten können?	☐	☐	☐	______
Was fällt Ihnen noch ein?	☐	☐	☐	______

So wohnen wir: Bestandsanalyse

Nutzen Sie dieses Protokoll, um Ihre derzeitige Wohnsituation genau zu analysieren und Stärken und Schwächen zu ermitteln. Das Ergebnis wird die Grundlage für die Planung Ihres neuen Hauses.

Nutzung	Beschreibung	Größe	Bemerkungen z. B. vorhandene Qualitäten oder Defizite
Gemeinschaftlich			
Diele/ Eingang		qm	
Kochen		qm	
Essen		qm	
Wohnen		qm	
Fernsehen/Medien		qm	
Individuell			
Schlafen Erwachsene		qm	
Arbeiten Erwachsene		qm	
Schlafen Kind 1		qm	
Arbeiten Kind 1		qm	
Schlafen Kind 2		qm	
Arbeiten Kind 2		qm	
Schlafen Kind 3		qm	
Arbeiten Kind 3		qm	
Sanitär/Technik			
Waschen Erwachsene		qm	
Waschen Kinder		qm	
WC Gäste		qm	
Hauswirtschaftsraum		qm	
Sonstiges			
Ankleideraum		qm	
Hobbyraum		qm	
Sauna		qm	
Fitnessraum		qm	
Speisekammer		qm	
SUMME		qm	

So wollen wir wohnen: Wünsche für das neue Haus

Hier können Sie Ihre Vorstellungen festhalten. In der Rubrik „Beschreibung“ könnte in der Zeile „Kochen“ etwa „offen zum Essbereich“ stehen, bei „Arbeiten Erwachsene“ vielleicht „eigener Raum.“

Nutzung	Beschreibung	Größe	Bemerkungen
Gemeinschaftlich			
Diele/Eingang		qm	
Kochen		qm	
Essen		qm	
Wohnen		qm	
Fernsehen/Medien		qm	
Individuell			
Schlafen Erwachsene		qm	
Arbeiten Erwachsene		qm	
Schlafen Kind 1		qm	
Arbeiten Kind 1		qm	
Schlafen Kind 2		qm	
Arbeiten Kind 2		qm	
Schlafen Kind 3		qm	
Arbeiten Kind 3		qm	
Sanitär/Technik			
Waschen Erwachsene		qm	
Waschen Kinder		qm	
WC Gäste		qm	
Hauswirtschaftsraum		qm	
Sonstiges			
Ankleideraum		qm	
Hobbyraum		qm	
Speisekammer		qm	
SUMME		qm	

So nutzen wir unsere Räume: das „Drehbuch" für die Hausplanung

Mit diesem Protokoll können Sie – ausgehend von Ihrer bisherigen Wohnsituation und Ihren Wünschen für das neue Haus – für jeden Raum festlegen, wie Sie sich die Nutzung im Alltag und im Sonderfall, etwa bei Familienfesten, vorstellen. Daraus kann Ihre Planerin konkrete Vorschläge für ein optimal auf Ihre Bedürfnissee zugeschnittenes Heim entwickeln.

Gemeinschaftliche Nutzung

Diele/Eingang
Nutzung im Alltag ______________________

Nutzung im Sonderfall ______________________

Bemerkungen ______________________

Kochen
Nutzung im Alltag ______________________

Nutzung im Sonderfall ______________________

Bemerkungen ______________________

Essen
Nutzung im Alltag ______________________

Nutzung im Sonderfall ______________________

Bemerkungen ______________________

Wohnen
Nutzung im Alltag ______________________

Nutzung im Sonderfall ______________________

Bemerkungen ______________________

Fernsehen/Medien
Nutzung im Alltag ______________________

Nutzung im Sonderfall ______________________

Bemerkungen ______________________

Individuelle Nutzung

Schlafen Erwachsene
Nutzung im Alltag ______________________

Nutzung im Sonderfall ______________________

Bemerkungen ______________________

Arbeiten Erwachsene
Nutzung im Alltag ______________________

Nutzung im Sonderfall ______________________

Bemerkungen ______________________

Schlafen Kind 1
Nutzung im Alltag ______

Nutzung im Sonderfall ______

Bemerkungen ______

Spielen/Arbeiten Kind 1
Nutzung im Alltag ______

Nutzung im Sonderfall ______

Bemerkungen ______

Schlafen Kind 2
Nutzung im Alltag ______

Nutzung im Sonderfall ______

Bemerkungen ______

Spielen/Arbeiten Kind 2
Nutzung im Alltag ______

Nutzung im Sonderfall ______

Bemerkungen ______

Schlafen Kind 3
Nutzung im Alltag ______

Nutzung im Sonderfall ______

Bemerkungen ______

Spielen/Arbeiten Kind 3
Nutzung im Alltag ______

Nutzung im Sonderfall ______

Bemerkungen ______

Sanitär/Technik

Waschen Erwachsene
Nutzung im Alltag ______

Nutzung im Sonderfall ______

Bemerkungen ______

Waschen Kinder
Nutzung im Alltag ______

Nutzung im Sonderfall ______

Bemerkungen ______

WC Gäste
Nutzung im Alltag ______

Nutzung im Sonderfall ______

Bemerkungen ______

Hauswirtschaftsraum
Nutzung im Alltag ______

Nutzung im Sonderfall ______

Bemerkungen ______

Sonstiges

Ankleideraum
Nutzung im Alltag ______

Nutzung im Sonderfall ______

Bemerkungen ______

Hobbyraum
Nutzung im Alltag ______

Nutzung im Sonderfall ______

Bemerkungen ______

Sauna
Nutzung im Alltag ______

Nutzung im Sonderfall ______

Bemerkungen ______

Fitnessraum
Nutzung im Alltag ______

Nutzung im Sonderfall ______

Bemerkungen ______

Speisekammer
Nutzung im Alltag ______

Nutzung im Sonderfall ______

Bemerkungen ______

Inhalt Vorentwurf

Hinweis: Die Inhalte der Leistungsphasen Vorentwurf, Entwurf und Ausführungsplanung sind eng miteinander verzahnt und gehen ineinander über. Die genaue Ausgestaltung des Planungsablaufs und seiner Inhalte hängt daher stark von der Arbeitsweise des beauftragten Planers ab.

Grundlegende Ausformung des Baukörpers und seiner Position im Grundstück

Inhalt	Anmerkungen	Besprochen am
Position des Hauses auf dem Grundstück		
Anordnung von Zufahrt, Zugangsweg, Carport, Parkierung		
Räumliche Aufteilung der Freiflächen und Verteilung der Nutzungen (Terrasse, Wohngarten, Nutzgarten etc.)		
Umgang mit der Topografie (z. B. Gliederung eines hängigen Grundstücks)		
Ausrichtung des Baukörpers (z. B. längs oder quer zur Straße bzw. zur Längsrichtung des Grundstücks)		
Dachform		

Grundlegende Disposition der Räume und Nutzungen innerhalb des Gebäudes

Inhalt	Anmerkungen	Besprochen am
Position des Zugangs		
Lage und Ausformung der vertikalen Erschließungselemente (Treppe und ggf. Schacht für Aufzug)		
Disposition der horizontalen Erschließung (Flur, Diele, Bewegungsflächen) innerhalb der Geschosse		
Lage der Sanitärräume (Küche, Bäder)		
Verteilung der Nutzungen und Räume innerhalb der Geschosse		
Vertikale Verbindung von Räumen (z. B. Galerien)		

Erste Ideen zum Erscheinungsbild

Inhalt	Anmerkungen	Besprochen am
Skizzenhafte Ansichten		

Inhalt Entwurf

Hinweis: Die Inhalte der Leistungsphasen Vorentwurf, Entwurf und Ausführungsplanung sind eng miteinander verzahnt und gehen ineinander über. Die genaue Ausgestaltung des Planungsablaufs und seiner Inhalte hängt daher stark von der Arbeitsweise des beauftragten Planers ab.

Genaue Ausformung des Baukörpers und seiner Einbindung in das Grundstück

Inhalt	Anmerkungen	Besprochen am
Gestaltung des Vorbereichs mit Zufahrt, Zugangsweg und Zugang, Carport, Parkierung für Autos und Fahrräder, Standorte für Mülltonnen		
Ausformung der Freiflächen rund um das Haus, der Übergänge ins Haus und der Topografie		
Umgang mit dem Dach		

Genaue Disposition der Räume und Nutzungen innerhalb des Gebäudes

Inhalt	Anmerkungen	Besprochen am
Ausbildung des Zugangs (Vorbereich, Überdachung, Position von Briefkasten, Klingel- und Gegensprechanlage)		
Präzisierung und Vermaßung der vertikalen Erschließungselemente		
Ausarbeitung der Grundrisse mit Darstellung der Möblierung und Angabe von Raumgrößen		
Ausformung der Sanitärräume (Küche, Bäder) mit Anordnung der Geräte und Ausstattungsgegenstände		
Präzisierung des Umgangs mit dem Gebäudevolumen, insbesondere der Nutzbarkeit und Belichtung von Dachräumen		

Darstellung der äußeren Gestalt des Hauses

Inhalt	Anmerkungen	Besprochen am
Ansichten mit Angaben zu Position und Aufteilung von Fenstern, auskragenden Bauteilen (Balkonen, Vordächern) etc.		

Das erste Planungsgespräch: Vorbereitung

Sorgen Sie mit diesem Protokoll dafür, dass bereits beim ersten Kennenlernen mit dem Planer oder der Planerin alle wichtigen Informationen vorliegen. Strukturieren Sie Ihre Wünsche und Ideen und formulieren Sie Ihre Erwartungen vorab.

So bereiten Sie sich vor

Planung des Gesprächsablaufs
Erstellen Sie eine Themenliste oder Tagesordnung und stellen Sie diese vorab allen Beteiligten zur Verfügung.

Erwartungen an den Planer ______________________________

____

Kennenlernen des Planers/der Planerin
Fordern Sie eine Referenzliste an oder machen Sie sich mit den Referenzen auf der Website des Büros vertraut.

Erwartungen an den Planer ______________________________

____

Vorstellung des Planers/der Planerin
Erbitten Sie Informationen zu vergleichbaren Beispielprojekten.

Erwartungen an den Planer ______________________________

____

Vorstellung des Bauherrn/der Bauherrin
Erstellen Sie vorab ein Moodboard zur Planungsphase (siehe Seiten 30/31) und bringen Sie es zum Gespräch mit, um Ihre Vorstellungen besser erläutern zu können.

Erwartungen an den Planer ______________________________

____

Bedarfsermittlung
Füllen Sie die Formulare zur Bedarfsermittlung (Seite 125 und 127) aus und bringen Sie sie zum Gespräch mit.

Erwartungen an den Planer ______________________________

Drehbuch
Füllen Sie das Formular zum Drehbuch (Seite 129) aus und bringen Sie es zum Gespräch mit.

Erwartungen an den Planer ______________________________

Informationen zum Grundstück
Kümmern Sie sich um die auf Seite 29 benannten Unterlagen.

Erwartungen an den Planer ______________________________

Das erste Planungsgespräch: Nachbereitung

Dieses Protokoll knüpft direkt an die Vorbereitung des ersten Planungsgesprächs an (Seite 139). Füllen Sie es während oder zeitnah nach dem Gespräch aus, halten Sie die Ergebnisse Ihrer Besprechung fest und vergleichen Sie sie mit Ihren Notizen aus dem Vorbereitungsprotokoll. Vereinbaren Sie gegebenenfalls verbindliche Termine zur Fortsetzung der Diskussion.

Unterlagen, die zum Gespräch vorlagen		Wiedervorlage am
Planung des Gesprächsablaufs Themenliste/Tagesordnung		__________
Ergebnis der Besprechung	____________________	
Kennenlernen des Planers/der Planerin Referenzliste des Planers/ der Planerin		__________
Ergebnis der Besprechung	____________________	
Vorstellung des Planers/der Planerin Informationen zu vergleichbaren Beispielprojekten		__________
Ergebnis der Besprechung	____________________	
Vorstellung des Bauherrn/der Bauherrin Moodboard zur Planungsphase		__________
Ergebnis der Besprechung	____________________	
Bedarfsermittlung Ausgefüllte Formulare zur Bedarfsermittlung (Seite 125/127)		__________
Ergebnis der Besprechung	____________________	
Drehbuch Ausgefülltes Formular zum „Drehbuch“ (Seite 129)		__________
Ergebnis der Besprechung	____________________	
Informationen zum Grundstück Unterlagen von Seite 29		__________
Ergebnis der Besprechung	____________________	

Weitere Planungsgespräche: Vorbereitung

Hier können Sie für weitere Planungsgespräche jeweils die Themen eintragen, die Sie mit Ihrer Planerin oder Ihrem Planer diskutieren möchten – nutzen Sie dafür das Nachbereitungsformular des vorhergehenden Gesprächs, um nichts Wichtiges zu vergessen, und notieren Sie Ihre Erwartungen und Wünsche.

Thema | **Wiedervorlage vom**

Vorab zu verteilende Unterlagen

Erwartungen an den Planer

Vorab zu verteilende Unterlagen

Erwartungen an den Planer

Vorab zu verteilende Unterlagen

Erwartungen an den Planer

Vorab zu verteilende Unterlagen

Erwartungen an den Planer

Vorab zu verteilende Unterlagen

Erwartungen an den Planer

Vorab zu verteilende Unterlagen

Erwartungen an den Planer

Vorab zu verteilende Unterlagen

Erwartungen an den Planer

Vorab zu verteilende Unterlagen

Erwartungen an den Planer

Weitere Planungsgespräche: Nachbereitung

Mit diesem Protokoll halten Sie die Ergebnisse Ihrer Planungsgespräche fest. Es knüpft an das von Ihnen ausgefüllte Vorbereitungsprotokoll (Seite 143) an. Vergleichen Sie die Ergebnisse mit Ihren Erwartungen.

Thema		**Wiedervorlage vom**
____________		____________
Ergebnis der Entscheidung	____________	
Konsequenzen/weiteres Vorgehen	____________	
____________		____________
Ergebnis der Entscheidung	____________	
Konsequenzen/weiteres Vorgehen	____________	
____________		____________
Ergebnis der Entscheidung	____________	
Konsequenzen/weiteres Vorgehen	____________	
____________		____________
Ergebnis der Entscheidung	____________	
Konsequenzen/weiteres Vorgehen	____________	
____________		____________
Ergebnis der Entscheidung	____________	
Konsequenzen/weiteres Vorgehen	____________	
____________		____________
Ergebnis der Entscheidung	____________	
Konsequenzen/weiteres Vorgehen	____________	
____________		____________
Ergebnis der Entscheidung	____________	
Konsequenzen/weiteres Vorgehen	____________	
____________		____________
Ergebnis der Entscheidung	____________	
Konsequenzen/weiteres Vorgehen	____________	

Bauteilliste tragende Bauteile

Bauteil Tragwerk	Material/Hersteller	Oberfläche/Farbe
Keller		
Fundamente		
Bodenplatte		
Außenwände		
Perimeterdämmung		
Treppe		
Decke		
Oberirdische Geschosse		
Außenwände		
Treppe		
Decke		
Dachkonstruktion		
Sonstige Bauteile		
Vordach		
Balkon		
Garage/Carport		
Bodenplatte		
Wände/Stützen		
Dachkonstruktion		

Bauteilliste Gebäudehülle

Bauteil Gebäudehülle	Material/Hersteller	Oberfläche/Farbe
Keller		
Dämmung unter Bodenplatte		
Abdichtung		
Perimeterdämmung		
Oberirdische Geschosse		
Dämmung Außenwände		
Oberfläche Außenwände		
Dämmung besondere Bauteile (Erker etc.)		
Oberfläche besondere Bauteile (Erker etc.)		
Treppe		
Decke		
Öffnungen		
Eingangstüre		
Fensterrahmen		
Fensterflügel		
Sonnenschutz		
Dach		
Dämmung Dachkonstruktion		
Dacheindeckung		
Dachflächenfenster		
Eindeckung Dachaufbauten		
Seitenflächen Dachaufbauten		
Dachentwässerung Rinnen		
Dachentwässerung Fallrohre		
Sonstige Bauteile		
Eindeckung Vordach		
Geländer Balkon		
Garage/Carport		
Oberfläche Außenwände		
Garagentor		
Eingangstüre		

Bauteilliste Ausbau allgemein

Bauteil Ausbau	Material/Hersteller	Oberfläche/Farbe
Keller		
Konstruktion Innenwände		
Oberfläche Innenwände		
Oberfläche Decken		
Zargen Innentüren		
Blätter Innentüren		
Oberflächen Innentüren		
Oberirdische Geschosse		
Konstruktion Innenwände		
Oberfläche Innenwände		
Oberfläche Decken		
Bodenbeläge allgemein (siehe auch Raumbuch)		
Bodenbelag Treppe		
Öffnungen allgemein (Genaueres siehe Raumbuch S. 153)		
Fensterleibungen		
Fenstersimse		
Zargen Innentüren		
Blätter Innentüren		
Oberflächen Innentüren		
Dach		
Untersicht Dachflächen		
Seitenflächen Dachaufbauten		
Brüstungen Dachaufbauten		
Leibungen Dachflächenfenster		
Garage/Carport		
Oberfläche Innenwände		
Haustechnik		
Schalterprogramm		
Steckdosen		

Raumbuch: Angaben zum Raum

In diesem Formular können Sie neben sachlichen Angaben zum Raum (wie Lage und Abmessungen, die sich aus der Bedarfsermittlung und der Planung ergeben haben) Ihre Wünsche an die Materialität der Oberflächen und Ausstattung des Raums zusammenstellen. Diese Angaben dienen dem Architekten und den Fachplanern als Grundlage für die Ausführungsplanung.

Lage

Geschoss ____________________

Ausrichtung ____________________

Abmessungen

Länge ____________________

Breite ____________________

Höhe ____________________

Wohnfläche ____________________

Bauteile	Material/Hersteller	Oberfläche/Farbe
Bodenbelag		
Sockelleisten		
Wände (evtl. besondere Wand)		
Decke		
Fensterleibung		
Fensterbrett oder -sims		
Oberfläche Fenster und Rahmen		

Ausstattung

Art des Sonnenschutzes		
Sonstiges		

Haustechnik

Allgemeine Raumbeleuchtung		
Allg. Raumbeleuchtung (Position)		
Lichtschalter (Anzahl)		
Lichtschalter (Positionen)		
Schalter Sonnenschutz		

Schalter Sonnenschutz (Position)		
Steckdosen Strom (Anzahl)		
Steckdosen Strom (Positionen)		
Steckdosen LAN (Anzahl)		
Steckdosen LAN (Positionen)		
Bodensteckdosen (Anzahl)		
Bodensteckdosen (Positionen)		
Waschbecken		

Möbel (vorhanden/gewünscht)

Raumbuch: Zusatzblatt Küche

Ergänzend zu den allgemeinen Angaben aus dem Raumbuch (Seite 153–155) können Sie hier die speziellen Anforderungen an Ihre Küche festhalten – insbesondere an deren technische Ausstattung. Dies eignet sich auch als Grundlage für das erste Gespräch mit dem Küchenplaner oder der Küchenbaufirma.

Bauseitige Vorbereitung	Anmerkungen
Wände	
Verstärkung von Trockenbauwänden zur Aufhängung von Hängeschränken	

Ausstattung	Material/Hersteller	Oberfläche/Farbe
Herd		
Ceran-Feld		
Induktionsfeld		
Gasflammen		
Grilleinsatz		
Dunstabzug		
Umluft		
Abluft direkt nach außen		
Abluft, integriert in zentrale Lüftungsanlage		
Ofen		
Umluft		
Backwagen (für Unterbau-Öfen)		
Separater Dampfgarer		
Kühlschrank		
Gefrierfach im Kühlschrank		
Gefrierfach mit eigener Tür		
Spülmaschine		
Automatische Türöffnung		
Anzeige der Restzeit		
Verdecktes Bedienpanel		

Raumbuch: Zusatzblatt Sanitärräume

Auch Bäder und WC-Räume haben spezielle Anforderungen, vor allem bezüglich ihrer Ausstattung mit Sanitärgegenständen. Die Angaben in diesem Formular helfen Ihnen beim Gespräch mit den Planern und beim Besuch in der Ausstellung für Sanitärausstattung.

Ausstattung	Anmerkungen
WC	
Spülkasten offen	
Spülkasten in Installationsvorwand	
Dosiertaste (Wassersparen)	
Waschbecken und Wasserhahn	
Anzahl Waschbecken	
Abmessungen Waschbecken (B/T/H)	
Warmwasser	
Einhebelmischer für Warmwasser	
Abflussstopper	
Dusche	
Duschwanne oder ...	
... gefliester Boden mit bodenebenem Einlauf	
Einhebelmischer für Warmwasser	
Handgriffe für barrierefreie Nutzung	
Regendusche (über Kopf)	
Schlauchbrause	
Badewanne	
Abmessungen (B/T/H)	
Einhebelmischer warm/kalt	
zusätzliche Schlauchbrause	
Handgriffe für barrierefreie Nutzung	
Whirlpooltechnik	
Spezielle Haustechnik	